普通高等教育高职高专土建类"十二五"规划教材

新 编 建 筑 制 图

孟春芳 编著

U0238585

中国水利水电出版社
www.waterpub.com.cn

内 容 提 要

　　本教材根据建筑设计类专业必备的识图与绘图技能要求，强调工学结合、任务导向，以"项目-任务"的方式驱动必要的"知识与技能"学习。全书分为认知制图基本知识和技能、根据三维立体绘制二维图样、根据二维平面图样想象三维空间立体、建筑施工图的识读与手工绘制、建筑透视图的绘制、计算机 AutoCAD 绘图等 6 个项目。每个项目包含若干任务，在每个任务中设置〔任务目标〕、〔任务内容和要求〕、〔任务实施〕、〔任务评价〕、〔课后思考与练习〕和必要的〔知识与技能链接〕等环节，实用性和可操作性强，不仅方便教师使用，更方便学生自学使用。

　　本教材不仅可以作为建筑设计、园林工程、古建筑、城市规划等专业的指导教材使用，也可以供建筑类其他相关专业学习制图使用。同时，本教材也是从事建筑行业人员进行制图学习的很好参考。

图书在版编目（ＣＩＰ）数据

新编建筑制图 / 孟春芳编著. -- 北京 : 中国水利
水电出版社，2014.9
　普通高等教育高职高专土建类"十二五"规划教材
　ISBN 978-7-5170-2492-7

　Ⅰ．①新… Ⅱ．①孟… Ⅲ．①建筑制图－高等职业教
育－教材 Ⅳ．①TU204

　中国版本图书馆CIP数据核字(2014)第215053号

书　　名	普通高等教育高职高专土建类"十二五"规划教材 **新编建筑制图**
作　　者	孟春芳　编著
出版发行	中国水利水电出版社 （北京市海淀区玉渊潭南路 1 号 D 座　100038） 网址：www. waterpub. com. cn E-mail：sales@waterpub. com. cn 电话：(010) 68367658（发行部）
经　　售	北京科水图书销售中心（零售） 电话：(010) 88383994、63202643、68545874 全国各地新华书店和相关出版物销售网点
排　　版	中国水利水电出版社微机排版中心
印　　刷	北京嘉恒彩色印刷有限责任公司
规　　格	210mm×285mm　16 开本　12.5 印张　304 千字
版　　次	2014 年 9 月第 1 版　2014 年 9 月第 1 次印刷
印　　数	0001—3000 册
定　　价	**38.00 元**

PREFACE

　　建筑制图技能作为建筑设计类专业的核心技能之一，不仅要为后续专业课的学习奠定基础，更是从事建筑相关职业岗位的必备要求。然而，在许多院校的建筑制图学习中，很多学生针对《建筑制图》课程本身实践性强、逻辑性强、空间想象力要求高、操作技能性强的特点，往往感到头疼难懂、望而生畏，空间想象力难以建立，识图与绘图的技能难以满足职业学习要求。

　　为此，本教材在不断探索适应高职技能应用的制图知识与技能基础上，力求打破章节，以"项目-任务"的方式进行编写。即全书从建筑制图技能要求和学生学习规律特点出发，依次设置为"项目一 认知制图基本知识和技能"、"项目二 根据三维立体绘制二维图样"、"项目三 根据二维平面图样想象三维空间立体"、"项目四 建筑施工图的识读与手工绘制"、"项目五 建筑透视图的绘制"、"项目六 计算机 AutoCAD 绘图"等 6 个项目。每个项目包含若干任务，在每个任务中设置〔任务目标〕、〔任务内容和要求〕、〔任务实施〕、〔任务评价〕、〔课后思考与练习〕和必要的〔知识与技能链接〕等环节。其中，任务实施环节，按实施步骤编写，对步骤中涉及的"知识与技能"插入讲述，让学生在任务实施中学习必要的"步骤与方法"以及"知识与技能"；任务实现后设定的任务评价标准和课后思考与练习环节，方便学生对任务完成情况予以自我对照、验收和强化。知识与技能链接环节，则是根据项目-任务需要设置，主要用于学生对知识与技能的理解拓展。在书的最后，附有"国家制图员职业标准"，便于学生对建筑制图技能的具体要求有更好的认知了解。

　　在编写内容上，力求采用大量的图片注解方式，直观明了地突出"实用的制图知识与技能"。同时，增加了计算机 AutoCAD 软件制图内容，以举例形式说明 AutoCAD 操作命令的使用，充分体现了 AutoCAD 软件作为制图工具的功能，具有良好的操作性。

　　本教材突出的实用性和可操作性使之不仅可以作为建筑设计、园林工程、古建筑、城市规划等专业的指导教材使用，也可以供建筑类其他相关专业学习制图使用。既方便教师使用，更方便学生自学使用。同时，也是从事建筑行业人员进行制图学习的参考。

　　本教材的"项目二"、"项目三"、"项目六"由江苏建筑职业技术学院的孟春芳老师编写；"项目四"由江苏建筑职业技术学院的贾伟老师和孟春芳老师共同编写。"项目一"和"项目五"由江苏建筑职业技术学院的吴小青老师和孟春芳老师共同编写。统稿工作由孟春芳老师完成。

　　本书从酝酿到编写完成，历时两年，只是期待读者能通过本书掌握一定的建筑制图技巧。编写期间江苏建筑职业技术学院建筑设计与装饰学院的陈志东教学院长对本书提出了宝贵建议，在此表示衷心感谢。

　　由于作者水平有限，文中难免存在缺点和不足，恳请专家、老师、同学批评指正。

编　者

2014 年 5 月于徐州

CONTENTS

项目一　认知制图基本知识和技能

任务一　认知图纸的表达要素

任务目标

（1）了解图纸表达要素中的图线、字体、比例、尺寸标注的相关规定并正确运用图示表达。

（2）了解手工制图工具如铅笔、三角板、圆规和分规等的正确使用。

（3）掌握图纸布置的一般步骤和方法。

任务内容和要求

请按比例手工抄绘如图 1.1.1 所示图纸内容。

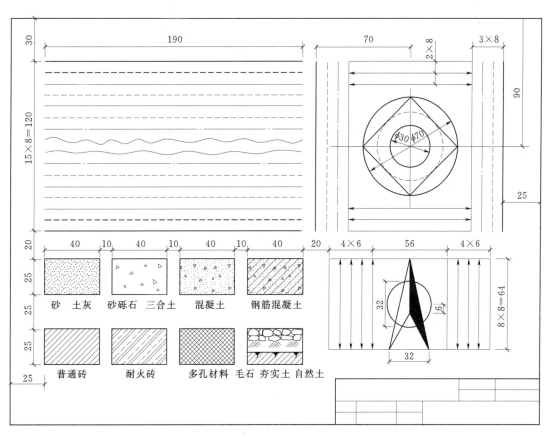

图 1.1.1　图线练习

要求：

（1）图纸：A3 号图幅。

（2）比例：1∶1。

（3）图线：用墨笔绘制图线，图线粗细合理分明。

（4）字体：汉字用长仿宋字体，材料图名用5号字；尺寸数字均用3.5号字。

（5）图线分明，尺寸标注规范，字体端正，图面布置合理、整洁。

 任务实施

第一步：认知图纸规格大小

图幅即图纸幅面，指图纸的规格大小。建筑工程图纸幅面的基本尺寸规定有五种，其代号分别为A0、A1、A2、A3和A4。图纸幅面尺寸规定如下表1.1.1所示。

表1.1.1 图 纸 幅 面 单位：mm

幅面 尺寸	A0	A1	A2	A3	A4
$b×l$	841×1189	594×841	420×594	297×420	210×297

注 b 为短边，l 为长边。

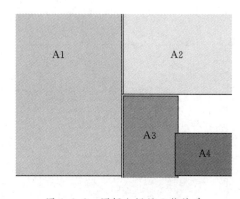

图1.1.2 图幅之间呈2倍关系

相邻规格图纸之间成2倍关系。即A1号图幅是A0号图幅的对折，A2号图幅是A1号图幅的对折，其余类推，上一号图幅的短边，即是下一号图幅的长边如图1.1.2所示。

建筑工程一个专业所用的图纸大小规格应整齐统一，选用图幅时宜以一种规格为主，尽量避免大小图幅掺杂使用。必要时可采用加长图纸，一般不宜多于两种幅面，目录及表格所采用的A4幅面，可不在此限。

第二步：安放固定图纸

如图1.1.3所示，将图纸的正面（有网状纹路的是反面）向上用透明胶带粘贴于图板上，并用丁字尺对齐，使图纸平整和绷紧。当图纸较小时，应将图纸布置在图板的左下方，但要使图纸的底边与图板的下边的距离略大于丁字尺的宽度。

1. 图板

要求板面平坦、光洁。左边是导边，必须保持平整。图板的大小有各种不同规格，可根据需要而选定。0号图板适用于画A0号图纸，1号图板适用

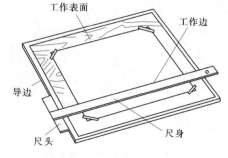

图1.1.3 图纸的固定

于画A1号图纸，四周还略有宽余。图板放在桌面上，板身宜与水平桌面成10°～15°倾斜。

注意： 图板不可用水刷洗和在日光下曝晒。

2. 丁字尺

丁字尺由相互垂直的尺头和尺身组成，用时应紧靠图板的左侧——导边。在画同一张图纸时，尺头不可以在图板的其他边滑动，以避免图板各边不成直角时，画出的线不准确。丁字尺的尺身工作边必须平直光滑，不可用丁字尺击物和用刀片沿尺身工作边裁纸。丁字尺用完后，宜竖直挂起来，以避免尺身弯曲变形或折断。

丁字尺主要用于画水平线，并且只能沿尺身上侧画线。作图时，左手把住尺头，使它始终紧靠图板左侧，然后上下移动丁字尺，直至工作边对准要画线的地方，再从左向右画水平线。画较长的水平线时，可把左手滑过来按住尺身，以防止尺尾翘起和尺身摆动（图1.1.4）。

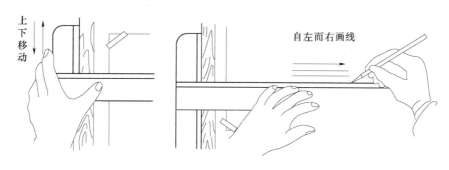

图 1.1.4　上下移动丁字尺及画水平线的手势

第三步：布置图纸

图幅布置方式有横式布置、竖式布置两种，如图 1.1.5 所示。常用的是横式布置。其中，为便于成套图纸的装订、查阅、存档等，图纸布置中有必要的标题栏、会签栏设置。

其中，标题栏在查阅图纸中起重要作用。在标题栏中需要表达的信息、格式如图1.1.6 所示。会签栏主要用于图纸会审时不同专业工种负责人签字使用，设置如图 1.1.7所示。

对于作业图纸来说，标题栏格式已经印刷好，会签栏则予以省略。

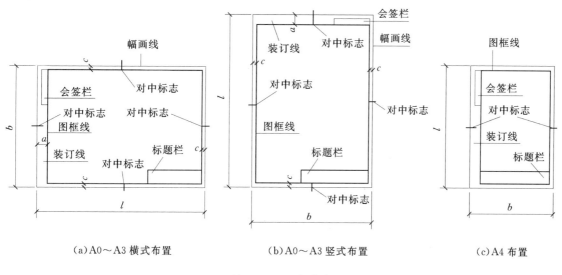

(a)A0～A3 横式布置　　　　(b)A0～A3 竖式布置　　　　(c)A4 布置

图 1.1.5　图幅格式

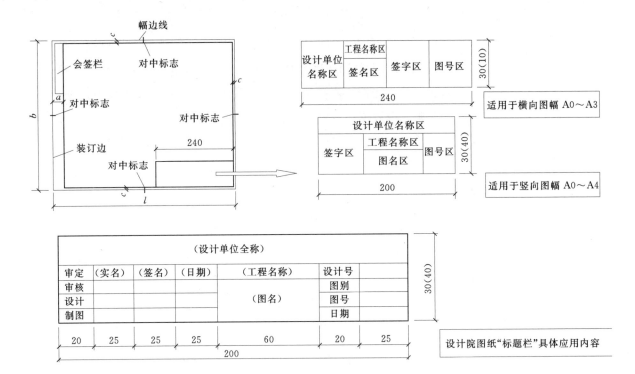

图 1.1.6　标题栏的信息及格式

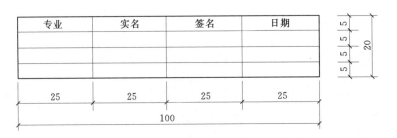

图 1.1.7　会签栏的格式

第四步：认知图纸中的表达要素

1. 图线

任何工程图样都是采用不同的线型与线宽的图线绘制而成的，如图 1.1.8 所示。

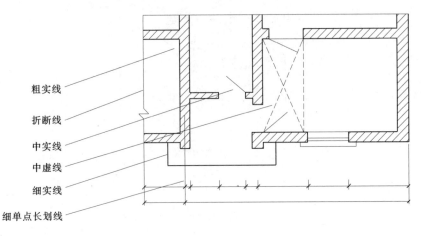

图 1.1.8　图纸中的图线类型

为了使图样清楚、明确，建筑制图采用的图线分为实线、虚线、单点长划线、双点长划线、折断线和波浪线6类，其中前4类线型按宽度不同又分为粗、中、细三种，后两类线型一般均为细线。

图线的宽度 b，应从下列线宽系列中选取：0.35mm、0.5mm、0.7mm、1.0mm、1.4mm、2.0mm。

每个图样，应根据复杂程度与比例大小，先确定基本线宽 b，再按表1.1.2确定适当的线宽组。同一张图纸内，相同比例的各图样，应选用相同的线宽组。绘制较简单的图样时，可采用两种线宽的线宽组，其线宽比宜为 $b:0.25b$。

表 1.1.2　　　　　　　　　　　线　宽　组

线宽比	线　宽　组			
b	1.4	1.0	0.7	0.5
$0.7b$	1.0	0.7	0.5	0.35
$0.5b$	0.7	0.5	0.35	0.25
$0.25b$	0.35	0.25	0.18	0.13

注　1. 需要缩微的图纸，不宜采用0.18及更细的线宽。
　　2. 同一张图纸内，各不同线宽中的细线，可统一采用较细的线宽组的细线。

绘制图线时还应特别注意点长划线和虚线的画法，以及图线交接时的画法，如图1.1.9所示。

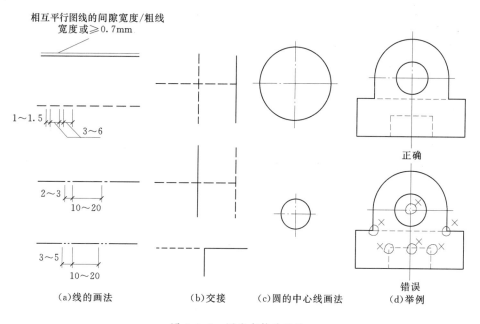

（a）线的画法　　　（b）交接　　　（c）圆的中心线画法　　　（d）举例

图 1.1.9　图线交接的画法

（1）虚线、单点长划线及双点长划线的线段长度和间隔，应根据图样的复杂程度和图线的长短来确定，但宜各自相等，当图样较小，用单点长划线和双点长划线绘图有困难时，可用实线代替。

（2）单点长划线和双点长划线的首末两端应是线段，而不是点。单点长划线（双点长划线）与单点长划线（双点长划线）交接或单点长划线（双点长划线）与其他图线交接时，应是线段交接。

5

（3）虚线与虚线交接或虚线与其他图线交接时，都应是线段交接。虚线为实线的延长线时，不得与实线连接。

（4）相互平行的图线，其间距不宜小于其中粗线宽度，且不宜小于0.7mm。

当图线与文字、数字或符号重叠、混淆，不可避免时，应首先保证文字等的清晰。

2. 字体

（1）汉字。

图样的图名、做法及说明中使用的汉字，宜采用长仿宋体。

长仿宋字是工程图纸最常用文字字体。长仿宋体字样及笔画如图1.1.10所示。

图 1.1.10　长仿宋体字样及笔画

字的大小用字号来表示，字的号数即字的高度，各号字的高度与宽度的关系如表1.1.3所示。

表 1.1.3			仿 宋 字 高 宽 关 系		单位：mm	
字号	20	14	10	7	5	3.5
字高	20	14	10	7	5	3.5
字宽	14	10	7	5	3.5	2.5

字号选用大小应根据图幅大小确定。如需书写更大的字，其高度应按$\sqrt{2}$的比值递增。

为了使字写得大小一致、排列整齐，书写前应事先用铅笔淡淡地打好字格，再进行书写。字格高宽比例，一般为3:2。为了使字行清楚，行距应大于字距。通常字距约为字高的$\frac{1}{4}$，行距约为字高的$\frac{1}{3}$，如图1.1.11所示为字格。

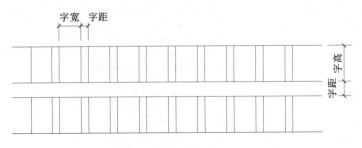

图 1.1.11　字格

（2）阿拉伯数字、拉丁字母及希腊字母如图1.1.12所示。

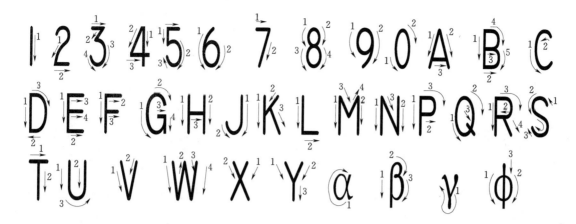

图 1.1.12　阿拉伯数字、拉丁字母、希腊字母

3. 尺寸标注

在建筑施工图中，图形只能表达建筑物的形状，建筑物各部分的大小还必须通过标注尺寸才能确定。注写尺寸时，应力求做到正确、完整、清晰、合理。

建筑图样上的尺寸一般应由尺寸界线、尺寸线、尺寸起止符号和尺寸数字四部分组成。如图 1.1.13 所示，尺寸标注注意事项如下：

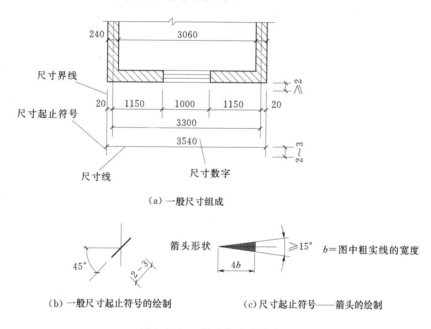

（a）一般尺寸组成

（b）一般尺寸起止符号的绘制　　　（c）尺寸起止符号——箭头的绘制

图 1.1.13　尺寸标注注意事项

（1）尺寸界线是控制所注尺寸范围的线，应用细实线绘制，一般应与被注长度垂直；其一端应离开图样轮廓线不小于 2mm，另一端宜超出尺寸线 2～3mm。

（2）尺寸线是用来注写尺寸的，必须用细实线单独绘制，应与被注长度平行，且不宜超出尺寸界线。任何图线或其延长线均不得用作尺寸线。

（3）尺寸起止符号一般应用中粗斜短线绘制，其倾斜方向应与尺寸界线成顺时针 45° 角，长度宜为 2～3mm。半径、直径、角度和弧长的尺寸起止符号，宜用箭头表示。

（4）尺寸数字应依据其读数方向注写在靠近尺寸线的上方中部，如没有足够的注写位置，最外边的尺寸数字可注写在尺寸界线外侧，中间相邻的尺寸数字可错开注写，也可引出注写，如图 1.1.14 所示。

（5）图线不得穿过尺寸数字，不可避免时，应将尺寸数字处的图线断开（图 1.1.15）。

（6）连续排列的等长尺寸，可用"个数×等长尺寸＝总长"的形式标注（图 1.1.16）。

（7）构配件内的构造要素（如孔、槽等）如相同，可仅标注其中一个要素的尺寸（图 1.1.17）。

图 1.1.14　尺寸数字的注写位置

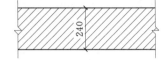

图 1.1.15　尺寸数字处图线应断开

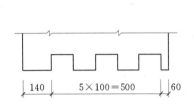

图 1.1.16　等长尺寸简化标注方法

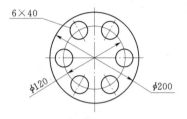

图 1.1.17　相同要素尺寸标注方法

4. 图例

建筑工程图样中常采用图例来表达一些材料、构造做法等，表 1.1.4 是常用的建筑材料图例。

表 1.1.4　　　　　　　　　　常用建筑材料图例

序号	名称	图例	备注
1	自然土壤		包括各种自然土壤
2	夯实土壤		
3	砂、灰土		靠近轮廓线绘较密的点
4	砂砾石、碎砖三合土		
5	石材		
6	毛石		
7	普通砖		包括实心砖、多孔砖、砌块等砌体。断面较窄不易绘出图例线时，可涂红
8	耐火砖		包括耐酸砖等砌体
9	空心砖		指非承重砖砌体
10	饰面砖		包括铺地砖、马赛克、陶瓷锦砖、人造大理石等
11	焦渣、矿渣		包括与水泥、石灰等混合而成的材料

序号	名称	图例	备注
12	混凝土	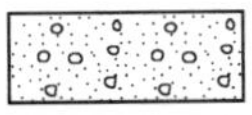	(1) 本图例指能承重的混凝土及钢筋混凝土。 (2) 包括各种强度等级、骨料、添加剂的混凝土。 (3) 在剖面图上画出钢筋时，不画图例线。 (4) 断面图形小，不易画出图例线时，叫涂黑
13	钢筋混凝土	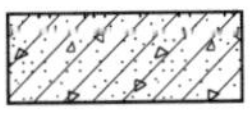	
14	多孔材料	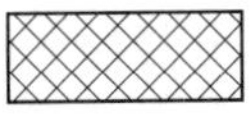	包括水泥珍珠岩、沥青珍珠岩、泡沫混凝土、非承重加气混凝土、软木、蛭石制品等
15	纤维材料		包括矿棉、岩棉、玻璃棉、麻丝、木丝板、纤维板等
16	泡沫塑料材料	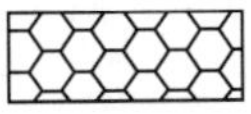	包括聚苯乙烯、聚乙烯、聚氨酯等多孔聚合物类材料
17	木材	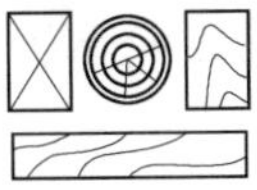	(1) 上图为横断面，上左图为垫木、木砖或木龙骨。 (2) 下图为纵断面
18	胶合板	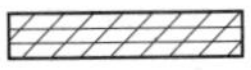	应注明为×层胶合板
19	石膏板	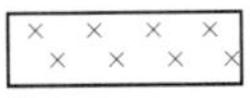	包括圆孔、方孔石膏板、防水石膏板等
20	金属	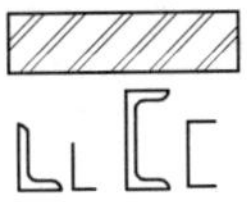	(1) 包括各种金属。 (2) 图形小时，可涂黑
21	网状材料		(1) 包括金属、塑料网状材料。 (2) 应注明具体材料名称
22	液体	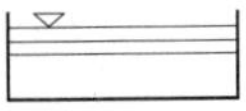	应注明具体液体名称
23	玻璃	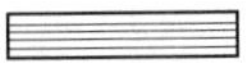	包括平板玻璃、磨砂玻璃、夹丝玻璃、钢化玻璃、中空玻璃、加层玻璃、镀膜玻璃等
24	橡胶		
25	塑料	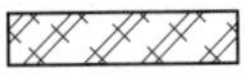	包括各种软、硬塑料及有机玻璃等
26	防水材料		构造层次多或比例大时，采用上面图例
27	粉刷	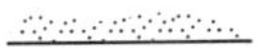	本图例采用较稀的点

第五步：按比例计算图形所占面积大小，做到落笔之前心中有数，布图均匀

即根据绘图比例预先估计各图形的大小及预留尺寸线的位置，将图形均匀、整齐地安排在图纸上，避免某部分太紧凑或某部分过于宽松。

1. 比例

$$比例 = \frac{图样的线性尺寸}{实际物体相应的线性尺寸}$$

但图纸中比例注写是用冒号"："代替等式后的横线的。

绘图所用的比例应根据图样的用途与被绘对象的复杂程度，选择适宜比例。常用比例如下：

1:1、 1:2、 1:5、 1:10、 1:20、 1:50

1:100、 1:200、 1:500、 1:1000

1:2000、 1:5000、 1:10000、 1:20000

1:50000、 1:100000、 1:200000

参照比例，可以使许多实物的大小、位置、距离等不走样地表达出来。在地理图样的绘制和工程图样的绘制中必须使用比例。建筑工程制图中，往往用缩得很小的比例将建筑物的情况绘制在图纸上，而对某些细部构造又要用较大的比例或足尺（1:1）绘制在图纸上。

比例宜注写在图名的右侧，字的基准线应取平；比例的字高宜比图名的字高小一号或二号，如图 1.1.18 所示。

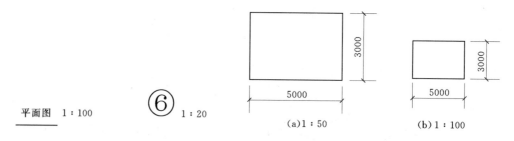

平面图 1:100   ⑥ 1:20

图 1.1.18 比例的注写   图 1.1.19 不同比例绘制同一块黑板

比例的大小是指比值的大小，并不影响尺寸的标注，用一定比例绘制的图形标注的尺寸为实际物体尺寸。如图 1.1.19 所示，同一块黑板虽然用不同比例 1:50 和 1:100 绘制，但尺寸标注都是以黑板实际的长 5000，宽 3000 标注。

2. 比例尺的应用

比例尺的应用如图 1.1.20 所示。

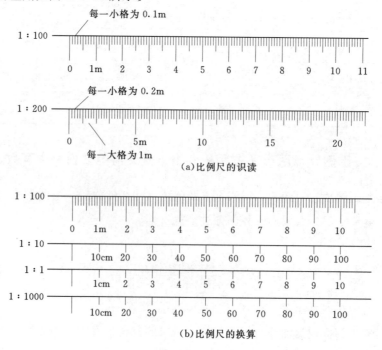

图 1.1.20 比例尺的应用

新编建筑制图

第六步：打底稿作图

为保持图面整洁，画图前应洗手。

作图顺序一般是从左至右，从上到下，依次绘制图纸中的图线部分。

对于图线，一般先画直线部分，再画曲线；先细线后粗线；先轴线或中心线，再画图形的主要轮廓线，然后画细部；图形完成后，再画尺寸线、尺寸界线等。材料符号在底稿中只需画出一部分或不画，待加深或上墨线时再全部画出。对于需上墨的底稿，在线条的交接处可画出头一些，以便清楚地辨别上墨的起止位置。

直线部分要用铅笔配合丁字尺、三角板等完成；曲线部分则由圆规、分规、曲线板等实现；对于字体部分和图例符号等部分则用到建筑模板等。

1. 铅笔

铅笔有各种不同的硬度。标号 B、2B、…、6B 表示软铅芯，数字越大，表示铅芯越软。标号 H、2H、…、6H 表示硬铅芯，数字越大，表示铅芯越硬。标号 HB 表示中软。

绘图铅笔画底稿宜用 H 或 2H，徒手作图可用 HB 或 B，加重直线用 H、HB（细线）、HB（中粗线）、B 或 2B（粗线）。

铅笔尖应削成锥形，芯露出 6～8mm。削铅笔时要注意保留有标号的一端，以便始终能识别其软硬度。使用铅笔绘图时，用力要均匀，用力过大会划破图纸或在纸上留下凹痕，甚至折断铅芯。画长线时要边画边转动铅笔，使线条粗细一致。画线时，从正面看笔身应倾斜约60°，从侧面看笔身应铅直（图 1.1.21）。持笔的姿势要自然，笔尖与尺边距离始终保持一致，线条才能画得平直准确。

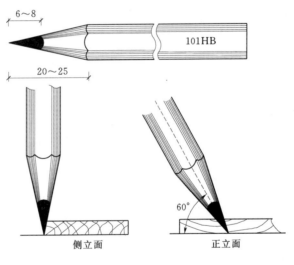

图 1.1.21　铅笔及其运用

2. 三角板

一副三角板有 30°、60°、90° 和 45°、45°、90° 两块。三角尺除了直接用来画直线外，还可以配合丁字尺画铅垂线和画 30°、45°、60° 及 15°×n 的各种斜线（图 1.1.22）。

画铅垂线时，先将丁字尺移动到所绘图线的下方，把三角尺放在应画线的右方，并使一直角边紧靠丁字尺的工作边，然后移动三角尺，直到另一直角边对准要画线的地方，再用左手按住丁字尺和三角尺，自下而上画线，如图 1.1.22（a）所示。

3. 圆规、分规

圆规是用来画圆及圆弧的工具（图 1.1.23）。

直径在 10mm 以下的圆，一般用点圆规来画。使用时，右手食指按顶部。大拇指和中指按顺时针方向迅速地旋动套管，画出小圆，见图 1.1.23（c）。需要注意的是，画圆时必须保持针尖垂直于纸面，圆画出后，要先提起套管，然后拿开点圆规。

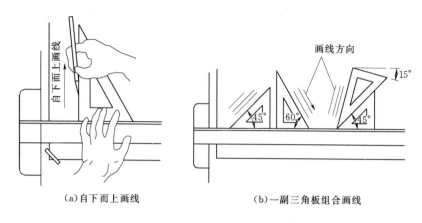

(a)自下而上画线　　　　　　　(b)一副三角板组合画线

图 1.1.22　用三角尺和丁字尺配合画垂直线和各种斜线

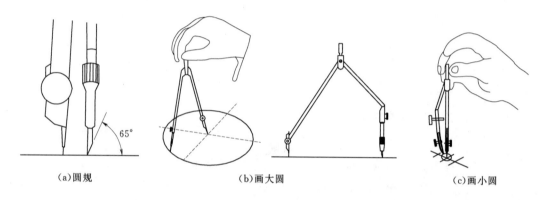

(a)圆规　　　　　　(b)画大圆　　　　　　(c)画小圆

图 1.1.23　圆规的针尖和画圆的姿势

分规是截量长度和等分线段的工具，它的两个腿必须等长，两针尖合拢时应会合成一点 [图 1.1.24 (a)]。

用分规等分线段的方法见图 1.1.24 (b)。例如，分线段 AB 为 4 等分，先凭目测估计，将分规两脚张开，使两针尖的距离大致等于 $\frac{1}{4}AB$，然后交替两针尖划弧，在该线段上截取 1、2、3、4 等分点；假设点 4 落在 B 点以内，距差为 e，这时可将分规再开 $\frac{1}{4}e$，再行试分，若仍有差额（也可能超出 AB 线段外），则照样再调整两针尖距离（或加或减），直到恰好等分为止。

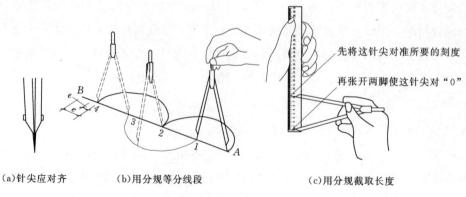

(a)针尖应对齐　　　(b)用分规等分线段　　　(c)用分规截取长度

图 1.1.24　分规的用法

4. 曲线板

如图 1.1.25 所示，主要用于曲线的光滑连接。

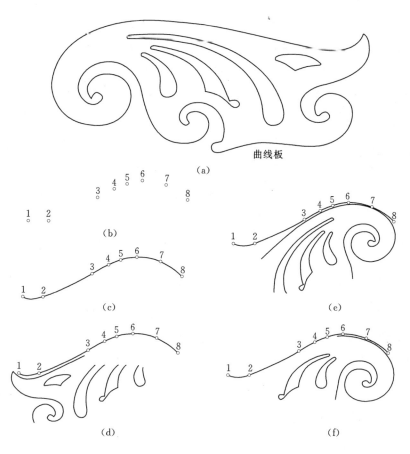

图 1.1.25　曲线板的使用

5. 绘图墨水笔

绘图墨水笔的笔尖是一支细的针管，又名针管笔（图 1.1.26）。绘图墨水笔能像普通钢笔一样吸取墨水。笔尖的管径从 0.1~1.2mm，有多种规格，可视线型粗细而选用。使用时应注意保持笔尖清洁。

图 1.1.26　绘图墨水笔

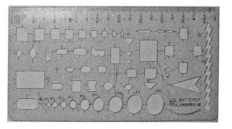

图 1.1.27　建筑模板

6. 建筑模板

建筑模板主要用来画各种建筑标准图例和常用符号，如柱、墙、门开启线、大便器、污水盆、详图索引符号、轴线圆圈等。模板上刻有可以画出各种不同图例或符号的孔（图 1.1.27），其大小已符合一定的比例，只要用笔沿孔内画一周，图例就画出来了。还可以用建筑模板上的字框写出需要的字号大小。

第七步：校核整理，加深图线，完成图样

1. 校核整理

在加深前，要认真校对底稿，利用擦线板上各种形状的孔洞，用橡皮配合擦线板准确地擦去错误或多余的线条。如图1.1.28所示。底稿经查对无误后进行加深。

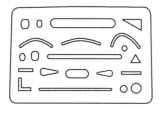

图1.1.28　擦线板

需注意的是宜向一个方向擦，以免擦破图纸。

2. 加深图线

一般用2B铅笔加深粗线，用B铅笔加深中粗线，用HB铅笔加深细线、写字和画箭头。

加深图线的一般步骤如下：

（1）加深所有的点划线。

（2）加深所有粗实线的曲线、圆及圆弧。

（3）用丁字尺从图的上方开始，依次向下加深所有水平方向的粗实线。

（4）用三角板配合丁字尺从图的左方开始，依次向右加深所有的铅垂方向的粗实线。

（5）从图的左上方开始，依次加深所有倾斜的粗实线。

（6）按照加深粗实线同样的步骤加深所有的虚线曲线、圆和圆弧，然后加深水平的、铅垂的和倾斜的虚线。

（7）按照加深粗线的同样步骤加深所有的中实线。

（8）加深所有的细实线、折断线、波浪线等。

（9）画尺寸起止符号或箭头。

（10）加深图框、图标。

（11）注写尺寸数字、文字说明，并填写标题栏。

加深圆时，圆规的铅芯应比画直线的铅芯软一级。用铅笔加深图线用力要均匀，边画边转动铅笔，使粗线均匀地分布在底稿线的两侧，如图1.1.29所示。加深时还应做到线型正确、粗细分明，图线与图线的连接要光滑、准确，图面要整洁。

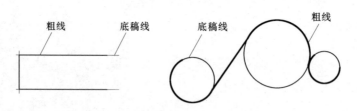

图1.1.29　加深的粗线与底稿线的关系

3. 上墨线的方法和步骤

画墨线时，首先应根据线型的宽度调节直线笔的螺母（或选择好针管笔的号数），并在与图纸相同的纸片上试画，待满意后再在图纸上描线。如果改变线型宽度重新调整螺母，都必须经过试画，才能在图纸上描线。

上墨时相同型式的图线宜一次画完，这样可以避免由于经常调整螺母而使相同型式的图线粗细不一致。

如果需要修改墨线时，可待墨线干透后，在图纸下垫一三角板，用锋利的薄型刀片轻

轻修刮，再用橡皮擦净余下的污垢，待错误线或墨污全部去净后，以指甲或者钢笔头磨实，然后再画正确的图线。

上墨线的步骤与铅笔加深基本相同，但还须注意以下几点：

（1）一条墨线画完后，应将笔立即提起，同时用左手将尺子移开。

（2）画不同方向的线条必须等到干了再画。

（3）加墨水要在图板外进行。

最后需要指出，每次制图时间，最好连续进行三四小时，这样效率最高。

 任务评价

评价等级	评价内容及标准
优秀（90～100分）	不需要他人指导，图形大小合适、比例正确、布局合理、图纸清晰整洁，图线粗细合理、均匀、线线相交和接头正确，尺寸线、尺寸界线、尺寸数字清晰、正确，尺寸标注符合国家标准要求，数字和文字能用仿宋体，字体工整、笔画清楚、间隔均匀、排列整齐，图面整洁，作图迅速，并能指导他人完成任务
良好（80～89分）	不需要他人指导，图形大小合适、比例正确、布局合理、图纸清晰整洁，线线相交无误，字迹清晰，能用仿宋字体，尺寸标注正确，图面整洁，作图比较迅速
中等（70～79分）	在他人指导下，图形大小合适、比例正确、布局合理、图纸清晰整洁，错误少，字迹清晰，能用仿宋字体，尺寸标注正确，图面整洁
及格（60～69分）	在他人指导下，能画完图形，字迹清晰，能用仿宋字体、线线相交和尺寸标注错误多

 课后思考与练习

1. 图纸规格类型有哪些？图幅大小之间的关系是怎样的？

2. 图纸表达的要素有哪些？制图标准对图纸表达的要素有什么规定？

3. 写出图1.1.30中指出的图线的名称，以及当 $b=0.7$ 时的线宽。

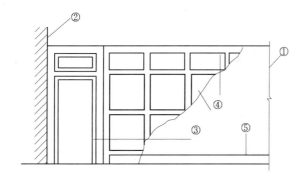

编号	图线名称	线宽
⑤		
④		
③		
②		
①		

图1.1.30

4. 比例与尺寸之间的关系是怎样的？注出图1.1.31中窗立面图的比例；根据所给的比例，注出图1.1.32中外墙板长和高的实际尺寸。

15

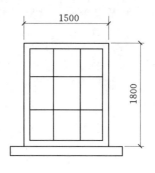

图 1.1.31　窗立面图

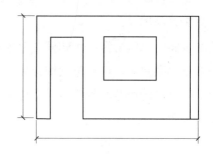

图 1.1.32　外墙板立面图 1：60

 知识与技能链接

为了制图的统一规范，制图中的图纸布置、图线、字体、比例、尺寸标注、图例符号等必须遵循相关规定。现行建筑制图标准是 2010 年 8 月 18 日发布，2011 年 3 月实施。相关标准如下：

(1) 建筑制图统一标准（GB 50104—2010）。

(2) 房屋建筑制图统一标准（GB 50001—2010）。

(3) 总图制图统一标准（GB 50103—2010）。

任务二　绘制平面图形

任务目标

(1) 掌握平面图形的分析方法。

(2) 学会运用几何作图知识绘制平面图形。

(3) 掌握平面图形的绘制步骤和方法。

 任务内容和要求

请按比例手工抄绘如图 1.2.1 所示平面图形。要求：步骤方法正确，比例运用合理，图线粗细合理，尺寸标注规范。

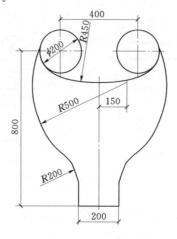

图 1.2.1　某平面图形

绘制平面图形的步骤与方法如下。

第一步：观察、分析平面图形

主要观察、分析平面图形的两个方面。

（1）分析图形是否对称？底边、侧边的位置？对称线、中心线往往是可以作为基准线开始落笔的重要图线。

（2）直线组成还是既有直线又有曲线？图线之间的几何关系如何？线段的连接是由图线的几何关系如相切、内切、外切等确定绘制的。

第二步：估算按比例绘制后图形所占面积大小，在合理位置布图

主要根据给定图形的总尺寸进行。包括：上下总尺寸、左右总尺寸等。

第三步：用 2H 铅笔画基准线——对称线、底边、侧边、中心线

根据平面图形特点画出基准线（2H 铅笔绘制）；对称线、底边线、左右边线等往往可以作为基准线，通常一个平面图形需要 X、Y 两个方向的基准，如图 1.2.2 所示。

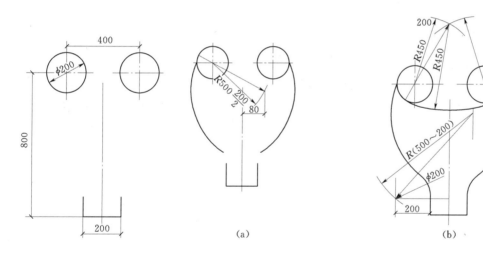

图 1.2.2　基准线的绘制　　　　图 1.2.3　根据图线之间的几何关系依次绘制线段

第四步：如图 1.2.3 所示，用 2H 铅笔根据图线之间的几何关系依次绘制已知线段、中间线段、连接线段

如图 1.2.4 所示。

（1）已知线段：定形尺寸、定位尺寸齐全，可以直接画出的线段。

（2）中间线段：有定形尺寸，而定位尺寸则不全，还需根据与相邻线段的一个几何连接关系才能画出的线段。

（3）连接线段：只有定形尺寸，而无定位尺寸，需要根据两个连接关系才能画出的线段。

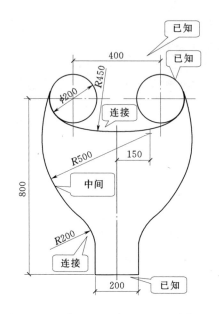

图 1.2.4　已知线段、中间线段、连接线段

第五步：整理、描深图线

擦去不必要的图线，用 HB 铅笔标注尺寸，用 2B 铅笔按线型描深平面图形线。

 任务评价

评价等级	评价内容及标准
优秀（90～100分）	不需要他人指导，图形大小合适、比例正确、布局合理、图纸清晰整洁，图线粗细合理、均匀、线线相交和接头正确，尺寸线、尺寸界线、尺寸数字清晰、正确，尺寸标注符合国家标准要求，数字和文字能用仿宋体，字体工整、笔画清楚、间隔均匀、排列整齐，图面整洁，作图迅速，并能指导他人完成任务
良好（80～89分）	不需要他人指导，图形大小合适、比例正确、布局合理、图纸清晰整洁，线线相交无误，字迹清晰，能用仿宋字体，尺寸标注正确，图面整洁，作图比较迅速
中等（70～79分）	在他人指导下，图形大小合适、比例正确、布局合理、图纸清晰整洁，错误少，字迹清晰，能用仿宋字体，尺寸标注正确，图面整洁
及格（60～69分）	在他人指导下，能画完图形，字迹清晰，能用仿宋字体、线线相交和尺寸标注错误多

 课后讨论与练习

按 1∶1 抄绘图 1.2.5 中 4 个平面图形。

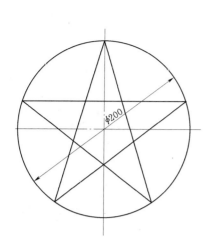

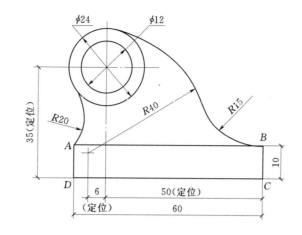

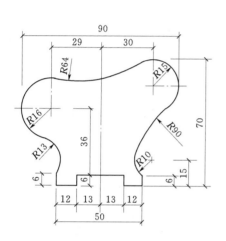

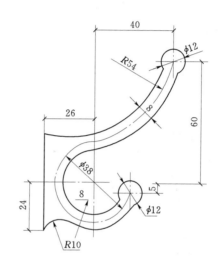

图 1.2.5 平面图形

知识与技能链接

绘制平面图形时，常用到以下几何作图方法。

1. 等分直线段

（1）任意等分已知线段。

除了用试分法等分已知线段外，还可以采用已知法。如图 1.2.6 所示为三等分已知线段 AB 的作图方法。其余等分可参照作图。

（a）已知条件

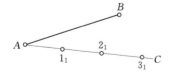

（b）过点 A 作任一直线 AC，使 $A1_1 = 1_1 2_1 = 2_1 3_1$

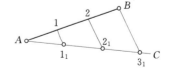

（c）连接 3_1 与 B，分别由点 2_1、1_1 作 $3_1 B$ 的平行线，与 AB 交得等分点 1，2

图 1.2.6 等分线段

（2）等分两平行线之间的距离。

三等分平行线 AB 和 CD 之间的距离的作图方法如图1.2.7。

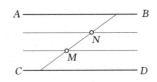

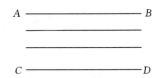

(a)使直尺刻度线上的0点落在 CD 线上,转动直尺,使直尺上的3点落在 AB 线上,取等分点 M、N

(b)过 M、N 点分别作已知直线段 AB、CD 的平行线

(c)清理图面,加深图线,即得所求的三等分 AB 与 CD 之间的距离的平行线

图1.2.7　等分两平行线间的距离

2. 关于正多边形的绘制

(1) 正六边形的画法。

方法一:利用三角板与丁字尺配合,可以很方便地作出圆的六等分,如图1.2.8所示。

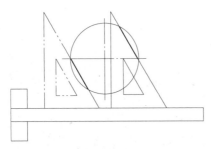

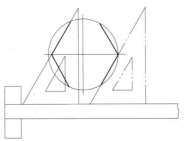

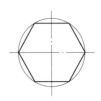

(a)以60°三角板紧靠丁字尺,分别过水平中心线与圆周的两个交点作60°斜线

(b)翻转三角板,同样作出另两条60°斜线

(c)过60°斜线与圆周的交点,分别作上、下两条水平线。清理图面,加深图线,即为所求

图1.2.8　作正六边形

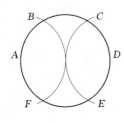

图1.2.9　利用圆规六等分圆周

方法二:分别以 A、D 为圆心,原圆半径 R 为半径画弧,截圆于 B、C、E、F,即得圆周六等分点,如图1.2.9所示。

(2) 正五边形的画法。

如图1.2.10所示。

3. 关于圆弧连接

使直线与圆弧相切或圆弧与圆弧相切来光滑连接图线,称为圆

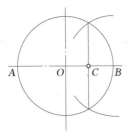

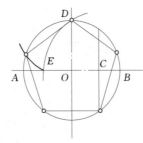

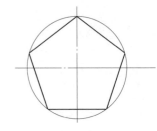

(a)取半径 OB 的中点 C

(b)以 C 为圆点,CD 为半径作弧,交 OA 于 E,以 DE 长在圆周上截得各等分点,连接各等分点

(c)清理图面,加深图线,即为所求

图1.2.10　作正五边形

弧连接，常见的连接形式有：直线间的圆弧连接、圆弧与直线连接、圆弧与圆弧连接等。

作图关键点：为保证连接光滑，必须准确地求出连接弧的圆心和切点的位置。

（1）直线间的圆弧连接。

如1.2.11所示。用半径为 R 的圆弧连接两已知直线 AB 和 BC。

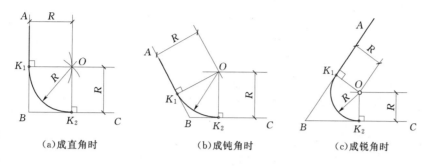

(a)成直角时　　　　(b)成钝角时　　　　(c)成锐角时

图 1.2.11　用圆弧连接两已知直线

作图步骤：

1）求圆心：分别作与两已知直线 AB、BC 相距为 R 的平行线，得交点 O，即半径为 R 的连接弧的圆心。

2）求切点：自点 O 分别向 AB 及 BC 作垂线，得垂足 K_1 和 K_2 即为切点。

3）画连接弧：以 O 为圆心，R 为半径，自点 K_1 至 K_2 画圆弧，即完成作图。

（2）圆弧与直线连接。

如图1.2.12所示，用半径为 R 的圆弧连接已知直线 AB 和圆弧（半径 R_1）。

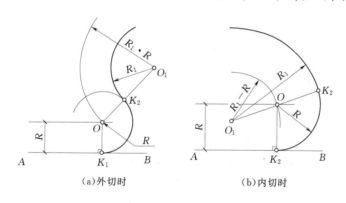

（a)外切时　　　　　　　（b)内切时

图 1.2.12　用圆弧连接已知直线和圆弧

作图步骤：

1）求圆心：作与已知直线 AB 相距为 R 的平行线；再以已知圆弧（半径 R_1）的圆心为圆心，R_1+R（外切时）或 R_1-R（内切时）为半径画弧，此弧与所作平行线的交点 O，即半径为 R 的连接弧的圆心。

2）求切点：自圆心 O 向 AB 作垂线，得垂足 K_1；再作两圆心连线 OO_1（外切时）或两圆心连线 OO_1 的延长线（内切时），与已知圆弧（半径 R_1）相交于点 K_2 则 K_1、K_2 即为切点。

3）画连接圆弧：以 O 为圆心，R 为半径，自点 K_1 至 K_2 画圆弧，完成作图。

（3）圆弧与圆弧连接。

如图1.2.13所示，用半径为 R 的圆弧连接两已知圆弧（半径分别为 R_1、R_2）。

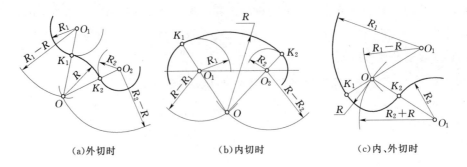

(a)外切时　　　　　　　　(b)内切时　　　　　　　　(c)内、外切时

图 1.2.13　用圆弧连接两已知圆弧

作图步骤：

1) 求圆心：分别以 O_1、O_2 为圆心，R_1+R_2 和 R_2+R（外切时）、$R-R_1$ 和 $R-R_2$（内切时）、或 R_1-R 和 R_2+R（内、外切时）为半径画弧，得交点 O，既半径为 R 的连接弧的圆心。

2) 求切点：作两圆心连线 O_1O、O_2O 或它们的延长线，与两已知圆弧（半径 R_1、R_2）分别交于点 K_1、K_2，则 K_1、K_2 即为切点。

3) 画连接弧：以 O 为圆心，R 为半径，自点 K_1 至 K_2 画圆弧，完成作图。

4. 椭圆的画法

椭圆画法较多，已知椭圆的长短轴（或共轭轴），可以用四心圆法作近似椭圆，称为四心圆法；也可以用同心圆法作椭圆，称为同心圆法。如图 1.2.14 所示。

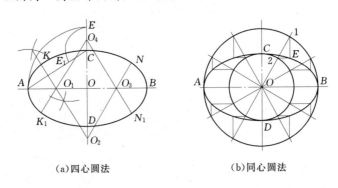

(a)四心圆法　　　　　　　　　　(b)同心圆法

图 1.2.14　椭圆的画法

（1）四心圆法。

1) 画长短轴 AB、CD，连接 AC，并取 $CF=OA-OC$（长短轴差）。

2) 作 AF 的中垂线与长、短轴上交于两点 1、2，在轴上取对称点 3、4 得四个圆心。

3) 连接 O_1O_2，O_2O_3，O_3O_4，O_4O_1 并适当延长。

4) 分别以 O_1、O_2、O_3、O_4 为圆心，以 O_1A、O_2C、O_3B、O_4D 为半径，顺序作四段相连圆弧（两大两小四个切点在有关圆心连线上），即为所求。

（2）同心圆法。

即以长轴和短轴的同心圆上的八个等分点为基础，水平和垂直划线后的交点连接而成。

项目二　根据三维立体绘制二维图样

任务一　常见简单形体的二维图样绘制

任务目标

（1）理解二维图样的投影作图原理及投影关系。

（2）掌握基本形体投影图的绘制步骤和方法。

（3）掌握基本形体投影图的投影特征，为后面组合体投影图读图奠定基础。

任务内容和要求

（1）请按照1∶10的比例绘制某长方体（如书本的长、宽、厚为420mm×297mm×100mm）的三面投影图。

（2）请按比例1∶10绘制如右图2.1.1所示某正五棱柱（高200mm，边长100mm）的三面投影图。

要求：步骤方法正确，三面投影图位置关系正确，图线粗细表达合理。被遮挡的投影线用虚线表达。

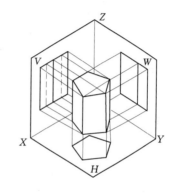

图2.1.1　做五棱柱的三面投影图

任务实施

首先，思考问题：如何将建筑三维空间形态、大小准确完整地反映到二维的平面图纸上（图2.1.2）？

图2.1.2　三维空间反映到二维平面

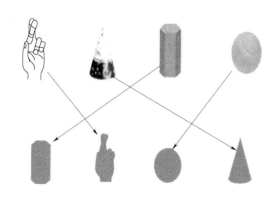

图2.1.3　影子与物体

其次，联系影子现象，二维平面的影子是可以或多或少反映实际三维空间物体的形状与大小的，如图2.1.3所示。考虑用投影作图。

用投影作图的过程中，必须清楚以下方面：

（1）投影作图的方法是根据影子现象经过科学抽象总结的，与影子现象既有联系又有区别：如图 2.1.4 所示，我们称看不见的光线为投射线（投射方向），地面或墙面为投影面，影子为物体在投影面上的投影。根据投影法所得到的图形称为投影图，也常简称为投影。但投射线毕竟不同于光线，投射线是假想的，是具备穿透性的。因此，利用投影作图时，必须把形体轮廓线都要表达出来。

（2）当投射线与投影面保持垂直时，投影图可以反映实际尺寸大小，有利于作图。

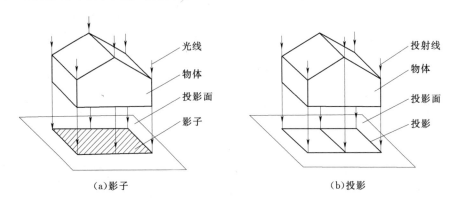

（a）影子　　　　　　　　　　　　　　（b）投影

图 2.1.4　投影与影子之间的联系与区别

在前面基础上，开始形体的投影作图—形体三面投影图的绘制。

分为两个阶段进行，步骤和方法如下。

第一阶段：假想阶段

1. 假想第一步：建立三面投影体系

为了将三维空间立体的形态大小完整、准确地在二维图纸平面上表达出来，我们必须建立三面投影体系，以便于作图。

如图 2.1.5 所示，由 3 个两两互相垂直的平面构成的体系称为三面投影体系。我们可以看教室的右前方墙角来进行理解。

其中，正对着人的竖直面称为正立投影面，简称正面或 V 面；和地面水平的平面称为水平投影面，简称水平面或 H 面；剩余的竖直面称为侧立投影面，简称侧面或 W 面。两两相交平面产生的交线 OX、OY、OZ 称为投影轴，简称 X 轴、Y 轴、Z 轴，三轴的交点 O 称为原点。

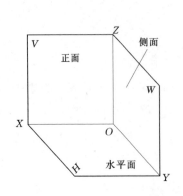

图 2.1.5　三面投影体系的建立

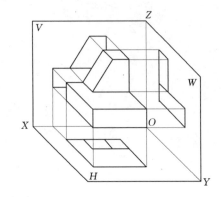

图 2.1.6　放置形体并作正投影

2. 假想第二步：放置形体

如图 2.1.6 所示，将某空间形体放置在三面投影体系中。放置原则：

（1）尽可能多的平面与某一投影面平行。

（2）符合正常或自然使用状态。

对于书本来说，根据书本本身既是直四棱柱、又是长方体的特点，书本有平放、长边立放、短边立放等多种放置状态都可以进行作图；但在书本正常使用状态下，应采用平放状态比较合适。而对于五棱柱，则以常见的端面水平进行放置。

3. 假想第三步：分别向投影面作正投影

如图 2.1.7 所示，按照"人—形体—投影平面"的顺序，分别向 V 面、H 面、W 面作正投影。即从前向后垂直于 V 面投射作形体轮廓线的投影；从上向下垂直于 H 面投射作形体轮廓线的投影；从左向右垂直于 W 面投射作形体轮廓线的投影。

4. 假想第四步：旋转展开

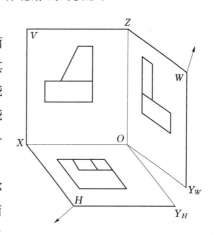

如图 2.1.7 所示，为了使 3 个投影图能画在平面的一张纸上，并具有可度量性，规定正立投影面及其投影图保持不动；把水平投影面及其投影图一起绕 OX 轴向下旋转 90°，把侧立投影面及其投影图一起绕 OZ 轴向右旋转 90°，展开后的 3 个投影图即可在同一个平面上。

我们将展开后在同一个平面上的三个投影图，称之为三面投影图，如图 2.1.8 所示。分别称之为正面投影、水平投影、侧面投影。以正面投影图为准，水平投影图在正立投影图的正下方，侧面投影图在正面投影图的正右方，三面投影图的名称不必标出。

图 2.1.7　将体系正投影展开

为了简化作图，在三面投影图中可不画投影面的边框线，投影图之间的距离可根据具体情况确定，如图 2.1.9 所示。

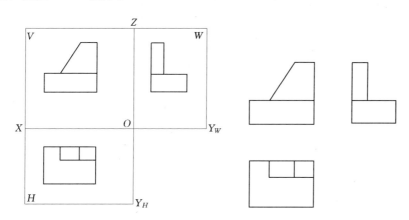

图 2.1.8　展开后的三面投影图　　2.1.9　去掉边框后的三面投影图

第二阶段：绘图阶段

三面投影图的绘制步骤与方法如图 2.1.10 所示。

1. 绘图第一步

根据比例估算出投影图所占面积大小，用 2H 铅笔在合适的位置先画出水平和垂直十

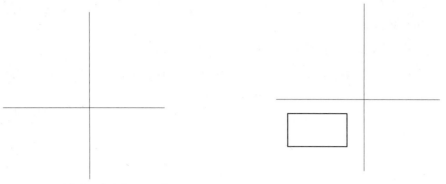

(a)画出十字交叉直线表示投影轴
(b)绘制形体的 H 面投影

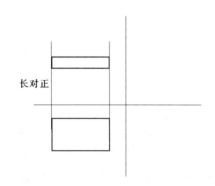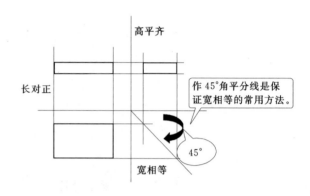

(c)根据长对正做出 V 面投影
(d) 根据高平齐和宽相等做出形体的 W 面投影

图 2.1.10　三面投影图的绘制步骤与方法

字相交线，表示投影轴，确定三面投影图的位置，如图 2.1.10（a）所示。

2. 绘图第二步

用 2H 先绘制最能够反映形体特征的投影图，可以是 V 面投影，也可以是 H 面投影，还可以是 W 面投影，根据具体情况而定。很多时候是先绘制 H 面投影或 V 面投影。如图 2.1.10（b）所示。

3. 绘图第三步

根据"三等关系"中的"长对正"，V 和 W 面投影的各相应部分用 2H 画铅垂线对正绘制，如图 2.1.10（c）所示。

4. 绘图第四步

根据"三等关系"中的"高平齐"，V 和 W 面投影的各相应部分用 2H 画水平线拉齐绘制；根据"三等关系"中的"宽相等"，常常通过原点 O，作 45°角平分线的方法保证 H 面和 W 面投影保证宽度相等。如图 2.1.10（d）所示。除此之外，也可以采用：①用圆弧的方法；②作 45°斜线的方法；③直接测量的方法。如图 2.1.11 所示。

其中，三面投影的三等关系如图 2.1.12 和图 2.1.13。

在三面投影图中，每个投影图都反映物体两个方向的尺寸：

正面投影图反映物体的上下和左右尺寸。

水平投影图反映物体的前后和左右尺寸。

侧面投影图反映物体的前后和上下尺寸。

因为是表示同一位置的物体，三面投影图之间的尺寸存在以下对应"三等关系"：

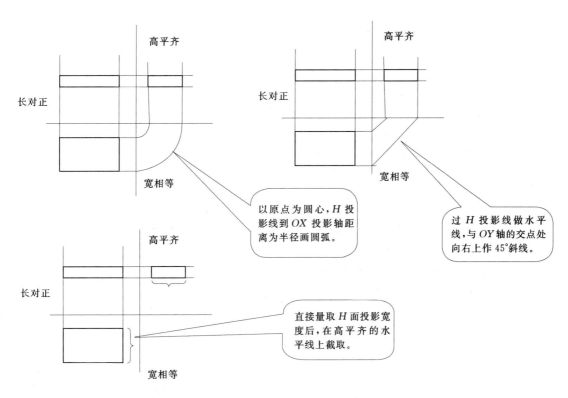

图 2.1.11　保证 W 面投影与 H 面投影"宽相等"方法

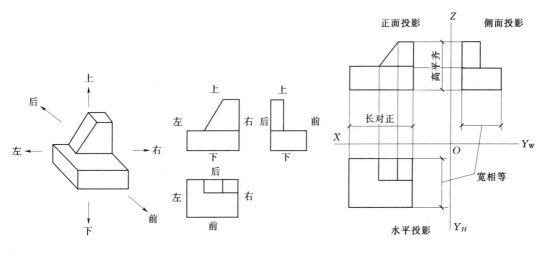

图 2.1.12　三面投影图的方位
尺寸对应关系

图 2.1.13　三投投影图的
尺寸对应关系

正面投影与水平投影"长对正",即左右尺度对应。

正面投影与侧面投影"高平齐",即上下尺度对应。

水平投影与侧面投影"宽相等",即前后尺度对应。

注意：整体和局部都存在一一对应关系。

三面投影图之间的"三等关系"是绘图和读图的基础。

点、线、面等几何元素的三面投影也是遵循三等关系规律的。

5. **绘图第五步**

校核图线无误后,将投影线加深,与作图过程中的辅助线区分。其中,可见的形体投影线用实线,不可见形体投影线的用虚线。

第三阶段：完成绘图

参考答案如图 2.1.14 和图 2.1.15 所示。

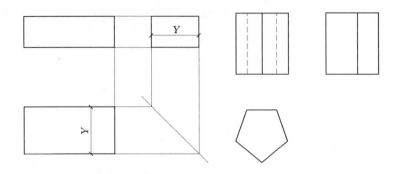

图 2.1.14　任务一内容 1 解答参考　　2.1.15　任务一内容 2 解答参考

注意： 摆放位置要有利于作图。

投影图图形与形体距离投影面的远近无关。

作图——用 2H 铅笔打底稿；校核无误后，用 2B 铅笔对投影线加深。

　　——投射到的棱线投影线画成实线，而投射不到的棱线投影线画成虚线。

　　——对作图中的辅助线保留（细实线）。

 任务评价

评价等级	评价内容及标准
优秀（90～100 分）	不需要他人指导，能合理布置形体在投影体系中的位置，按照比例要求正确表达图样，投影图位置正确合理，投影线符合三面投影三等关系，投影线完整、准确、无遗漏，投影线与辅助线区分合理、清晰，投影线虚、实运用合理、图面整洁，作图迅速，并能指导他人完成任务
良好（80～89 分）	不需要他人指导，能正确布置形体在投影体系中的位置，按照比例要求正确表达图样，投影图位置正确合理，投影线符合三面投影三等关系，投影线完整、准确、无遗漏，投影线与辅助线区分合理、清晰，图面整洁，作图比较迅速
中等（70～79 分）	在他人指导下，能正确布置形体在投影体系中的位置，按照比例要求正确表达图样，投影图位置正确合理，投影线符合三面投影三等关系，投影线完整、准确、无遗漏，图面整洁
及格（60～69 分）	在他人指导下，能正确布置形体在投影体系中的位置，按照比例要求正确表达图样，投影图位置正确合理，投影线符合三面投影三等关系，投影线完整、准确、无遗漏

 课后讨论与练习

1. 观察生活中某些基本形体（如六棱柱状的螺丝、茶杯、冰激凌杯、篮球等），并绘制其三面投影图。

2. 如果某投影面上的正投影是一个点，它可能是某点的投影还是某线的投影？如果某投影面上的正投影是一个线，它可能是什么的投影？

3. 三面投影图是如何形成的？三面投影图之间的关系如何？

4. 模仿表2.1.1示例，完成表格中其他不同位置直线、平面的三面投影图绘制，并总结不同位置直线、平面的投影特征。

表 2.1.1　　　　　　　　　　　　　三 面 投 影 图 绘 制

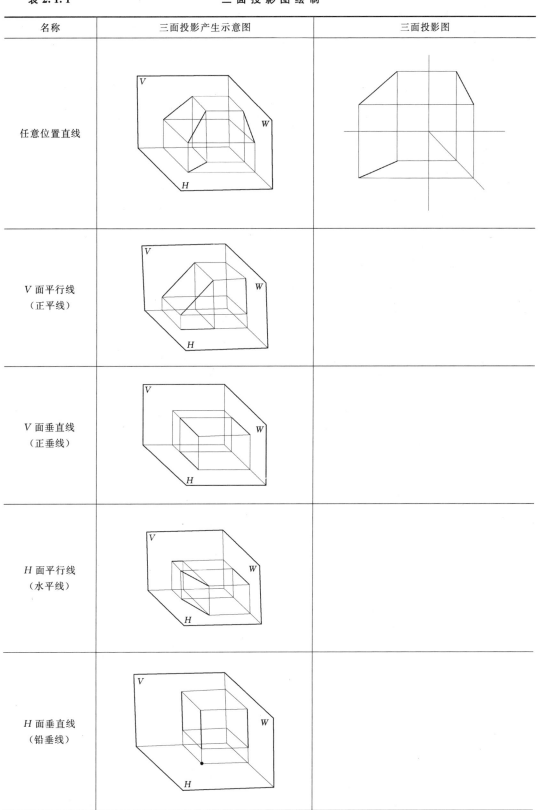

名称	三面投影产生示意图	三面投影图
任意位置直线		
V 面平行线 （正平线）		
V 面垂直线 （正垂线）		
H 面平行线 （水平线）		
H 面垂直线 （铅垂线）		

名称	三面投影产生示意图	三面投影图
W 面平行线 （侧平线）		
W 面垂直线 （侧垂线）		
V 面垂直面 （正垂面）		
H 面垂直面 （铅垂面）		
W 面垂直面 （侧垂面）		
V 面平行面 （侧平面）		

名称	三面投影产生示意图	三面投影图
H 面平行面 （侧平面）	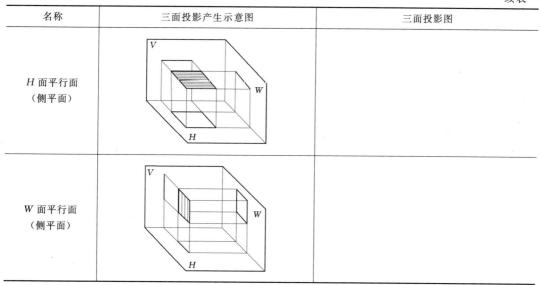	
W 面平行面 （侧平面）		

5. 完成表 2.1.2 中各基本形体的三面投影图绘制，尺寸比例根据目测即可。并思考如果形体的位置摆放发生变化，那么该形体的三面投影图如何变化？如果基本形体被不同的截面截切，截切后的三面投影图又如何变化？并总结不同基本形体的投影特征。

表 2.1.2　　　　　　　　　　　**各基本形体三面投影图绘制**

名　称		三面投影产生示意图	三面投影图
平面立体	四棱锥		
	四棱台		
曲面体	圆柱体		

名　称		三面投影产生示意图	三面投影图
曲面体	圆锥体	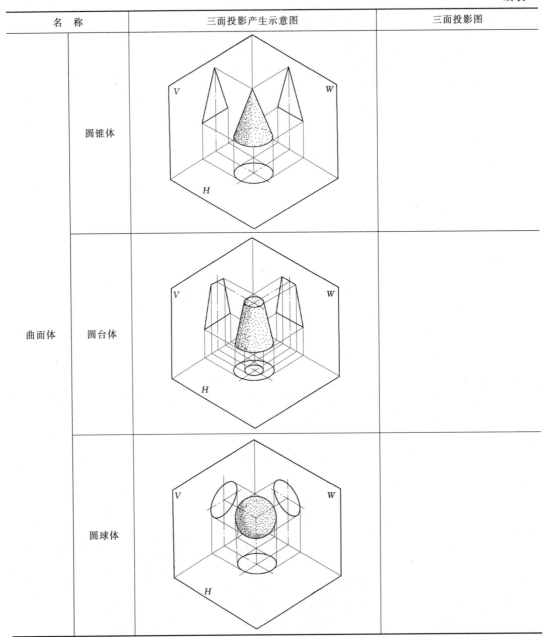	
	圆台体		
	圆球体		

 知识与技能链接

1. 投影法

投影法是在平面上表达空间物体的基本方法，是绘制工程图样的基础。

投影法可以分为两类：中心投影法和平行投影法。

（1）中心投影法。

所有投射线从同一投射中心出发的投影方法，称为中心投影法。按中心投影法做出的投影称为中心投影，如图 2.1.16 所示。

此时，S 为投影中心，△ABC（大写）表示空间物体，△abc（小写）表示在投影面上的投影。在投影中心与投影面不变的情况下，当△ABC 靠近或远离投影面时，它的投影△abc 就会变大或变小，且一般不能反映△ABC 的实际大小。即中心投影是会随着投射中心、物体、投影面之间的距离发生大小变化的，是不可以度量的。

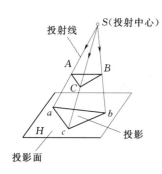
图 2.1.16　中心投影法

2.1.17　中心投影法的应用——建筑透视效果图的绘制

用中心投影法将空间形体投射到单一投影面上得到的图形称为透视图，如图 2.1.17 所示。透视图与人的视觉习惯相符，能体现近大远小的效果，所以形象逼真，具有丰富的立体感，但作图比较麻烦，且度量性差，常用于绘制建筑透视效果图。

（2）平行投影法。

投射线互相平行的投影方法。如果将中心投影法的投影中心移至无穷远，则所有投射线可视为相互平行，这种投影法称为平行投影法，如图 2.1.18 所示。

平行投影法按投影方向与投影面是否垂直，可分为正投影法 ［图 2.1.8 （a）］ 和斜投影法 ［图 2.1.8 （b）］。

正投影法——投射线垂直于投影面的平行投影法。

斜投影法——投射线倾斜于投影面的平行投影法。

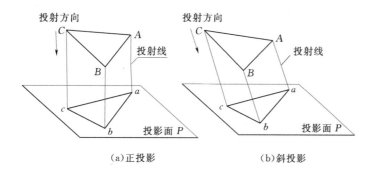

（a）正投影　　　　　　　（b）斜投影

图 2.1.18　平行投影法

平行投影是不会随着投射中心、物体、投影面之间的距离发生大小变化的。

平行投影法常用于绘制不同的工程图样，如图 2.1.19 所示。

（3）正投影的基本特征。

平行投影法中的正投影法，能较"真实"地表达空间物体的大小和形状，且作图简便，度量性好，但正投影的直观性较差，需要经过训练才能读懂。因为正投影的可度量性使正投影法在工程中得到广泛的采用。建筑图样就是采用正投影法绘制的。以下不作特别说明，"投影"即指"正投影"。

正投影的基本特性如下：

1）类似性。

点的投影仍是点。

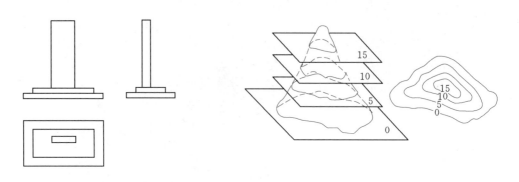

(a)正投影的应用——工程中的多面正投影　　　　(b)正投影的应用——标高投影

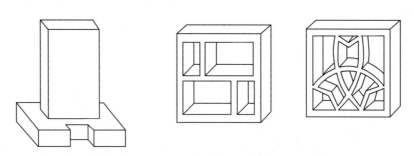

(c)斜投影的应用——绘制工程中的辅助图样

图 2.1.19　平行投影法的应用

直线倾斜于投影面时其投影仍是直线，但长度缩短。

平面倾斜于投影面时其投影为平面的类似形，图形面积缩小。

如图 2.1.20 阴影部分所示。

注意：类似形不是相似形，但图形最基本的特征不变。如多边形（六边形）的投影仍为多边形，且物体有平行的对应边，其投影的对应边仍互相平行。

2）实形性。

即当直线平行于投影面时其投影反映实长；平面平行于投影面时其投影反映实形。如图 2.1.21 所示阴影部分。

3）积聚性。

即直线垂直与投影面时其投影积聚为一点；平面垂直与投影面时其投影积聚为直线。如图 2.1.22 所示阴影部分。

4）从属性。

主要针对两个几何元素来讲，空间点属于直线，则点投影从属直线投影；空间点属于平面，则点投影从属平面投影；空间直线属于平面，则直线投影从属平面投影。反之，则不成立。

由平面和直线的投影特点可以看出：

当平面和直线平行于投影面时，其投影图具有实形性。因此，在画物体的投影图时，为了使投影能够准确反映物体表面的真实形状，并使画图简便，应该让物体上尽可能多的平面和直线平行或垂直于投影面。

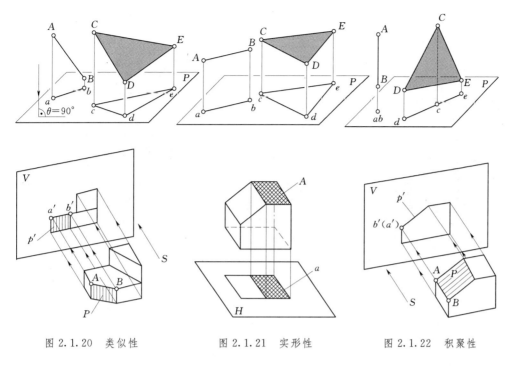

图 2.1.20　类似性　　　　　图 2.1.21　实形性　　　　　图 2.1.22　积聚性

2. 三面投影图的使用

如图 2.1.23 所示。投影面中的正投影图是 A、B、C、D、E 哪一个空间形体的投影?

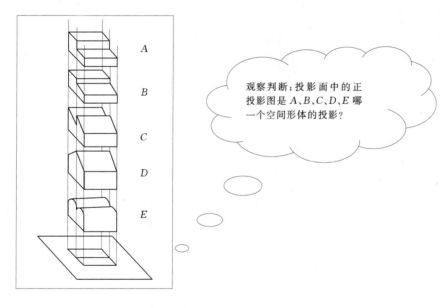

观察判断:投影面中的正投影图是 A、B、C、D、E 哪一个空间形体的投影?

图 2.1.23　单面正投影不难反映空间物体的形状和大小

在图 2.1.23 中，投影面中的正投影图可能是 A、可能是 B、可能是 C、可能是 D、可能是 E。不同空间形状的物体，在同一投影面的投影是相同的。因此，仅有一个投影图是不能确定出空间物体的形状和大小的。

同理，如果增加从前向后投射的正投影，不同空间形状的物体 A、C、D，在同一投影面的投影也是相同的。因此，我们可以判断：两个正投影也是不能确定其空间物体的形状和大小的。

所以，为了完整准确地表达三维空间形体的形状和大小，对于简单的形体，常用三面投影图来绘制图样，对于较为复杂的形体，则用多面投影图来绘制图样。

3. 常见的简单形体

任何复杂的建筑物都是由简单的立体组合而成。根据体表面平面的不同，主要有平面立体和曲面立体两类：

（1）常见平面立体，主要有棱柱、棱锥、棱台，如图 2.1.24 所示，表面由若干平面围成。

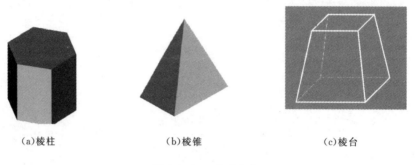

(a)棱柱   (b)棱锥   (c)棱台

图 2.1.24 平面立体

（2）常见曲面立体，表面由曲面围成或由平面和曲面围成的立体称之为曲面立体。主要有圆柱、圆锥、圆台、球体，如图 2.1.25 所示。

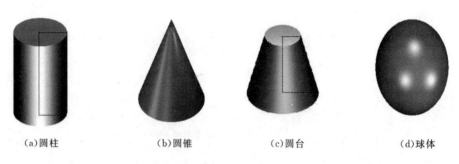

(a)圆柱   (b)圆锥   (c)圆台   (d)球体

图 2.1.25 曲面立体

4. 常见简单形体的三面投影绘制

（1）平面立体的三面投影绘制。

因为平面立体的表面是由若干平面围成的，所以作平面立体的三面投影，就是作围成平面立体的各个表面的投影。而表面的平面又是由若干棱线围合成，所以实质就是作出立体上所有棱线的投影。而棱线的投影又是由各顶点的投影连接而成。

作图过程中需要注意：

1）可见棱线的投影线画成加深的实线，而不可见棱线投影线画成虚线。

2）当可见棱线的投影线与不可见棱线投影线相重合时，则画成实线。

3）用对称线作为基准线进行绘图，便于准确定位。

以竖直放置的某直四棱柱为例，平面立体的三面投影绘制过程如图 2.1.26 所示。

（2）曲面立体的三面投影绘制。

因为曲面立体表面是曲面，不存在棱线，所以曲面立体的轮廓分界定位不像平面立体那样方便。所以对于曲面立体的投影绘制，为准确定位，而要先用细的单点画线作出曲面立体的中心线和轴线以便于投影的定位。

以常见状态放置的某圆锥为例，曲面立体的三面投影绘制过程如图 2.1.27 所示。

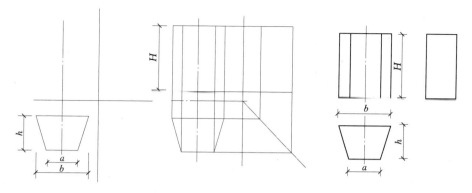

（a）先用细单点画线画出直四棱柱的对称线，作为基准线，在基准线基础上，绘制反映直四棱柱端面实形的水平投影

（b）根据三面投影关系，作出其他两面投影

（c）检查整理图线，加深投影线，与辅助线区分开

图 2.1.26　直四棱柱的三面投影绘制

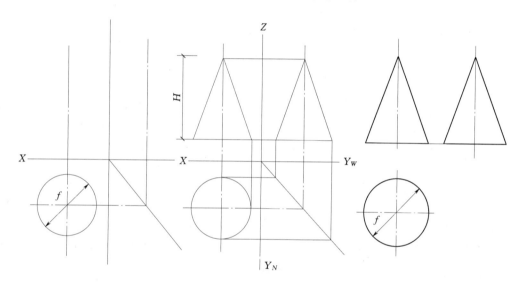

（a）先用细单点画线画出圆锥的轴线投影和圆锥底圆的中心定位线，在中心定位线的投影基础上，绘制底圆的投影

（b）根据三面投影关系，作出其他两面投影

（c）检查整理图线，加深投影线，与辅助线区分开

图 2.1.27　圆锥的三面投影绘制

任务二　复杂形体的二维平面图样绘制

任务目标

（1）在基本形体投影图的绘制基础上，掌握组合体投影图的绘制步骤和方法。

（2）熟练掌握三面投影图之间的投影关系。

（3）具有将三维立体转化为二维平面的图示表达能力。

 任务内容和要求

（1）按照 1∶1 的比例绘制如图 2.2.1 所示某台阶形体的三面投影图。

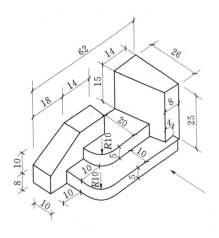

图 2.2.1　某台阶形体

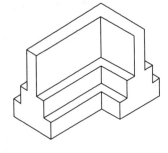

图 2.2.2　基础形体

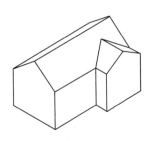

图 2.2.3　建筑形体

（2）绘制如图 2.2.2 和图 2.2.3 所示的组合体三面投影图（长、宽、高尺寸可以从图中量取，斜线则不能量取）。

要求：步骤方法正确，三面投影图位置关系正确，图线粗细表达合理。被遮挡的投影线用虚线表达。

 任务实施

分为两个阶段进行。以台阶为例步骤与方法如下。

第一阶段：绘图之前的准备阶段

1. 准备阶段第一步：要对复杂形体进行形体分析

即分析①该复杂形体由哪些基本形体组合而成？②组合方式？③各基本形体相对位置和相互关系如何？④整体是否对称？⑤组合体的前后、左右、上下等六个方面哪面最能显示形体特征？

其中，复杂形体各基本形体之间的相互关系有——共面、不共面、相切、相交四种情况。针对不同的关系，在作图中有的需要画线表达；有的不需要画线表达，如图 2.2.4 所示。

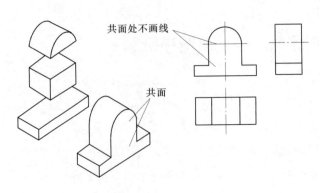

（a）共面处不画投影线

图 2.2.4（一）　组合体各基本形体之间的相互关系

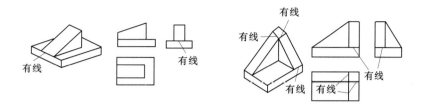

（b）不共面时要画投影线

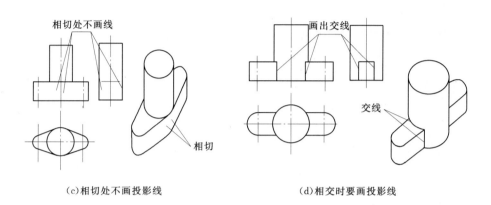

（c）相切处不画投影线　　　　　　　　　　（d）相交时要画投影线

图 2.2.4（二）　组合体各基本形体之间的相互关系

图 2.2.5 中，台阶是由 5 个基本形体叠加和切割而成。全部为平面立体，整体对称。

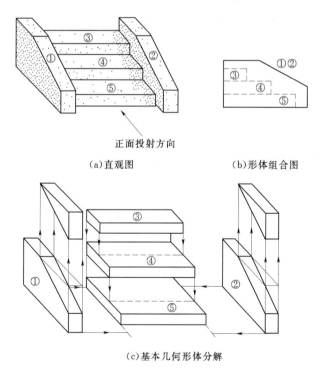

（a）直观图　　　　　　　（b）形体组合图

（c）基本几何形体分解

图 2.2.5　台阶的形体分析

中间是三块长度和高度相同、宽度不同的四棱柱③、④、⑤，对齐后叠放形成台阶，左右两边是由长方体截切的五棱柱①和②，它们紧靠台阶而成栏板。

2. 准备阶段第二步：确定组合体的摆放位置

在用投影图表达物体的形状大小时，物体的安放位置及投影方向对物体的图样表达清晰程度有明显影响。因此，要确定好组合体的摆放位置。一般来说，应考虑以下原则：

（1）符合正常自然使用状态，正面投影能较明显反映物体的形状特征和各部分的对应关系。

（2）尽量减少虚线。

（3）图纸利用较为合理。

图 2.2.5 中，台阶的位置为自然使用状态的最好摆放位置，正面能反映台阶形体的特征。组合体的底面一般取与水平投影面（大地）平齐。

3. 准备阶段第三步：确定好组合体投影图的数量和布局

即根据物体的大小和复杂程度，以清晰表达出图样为目的，确定好图样的比例、数量和图幅，并妥善布局。对于一般的三面投影图来讲，即按照三面投影图的形成，根据比例，估算好三面投影图占用的图纸面积大小，适当安排好组合体三面投影图的位置。如果是对称图形，先作出对称线。

第二阶段：绘图阶段

1. 绘图阶段第一步：用 2H 铅笔打底稿作图

作图过程如图 2.2.6 （a）～（c）所示。

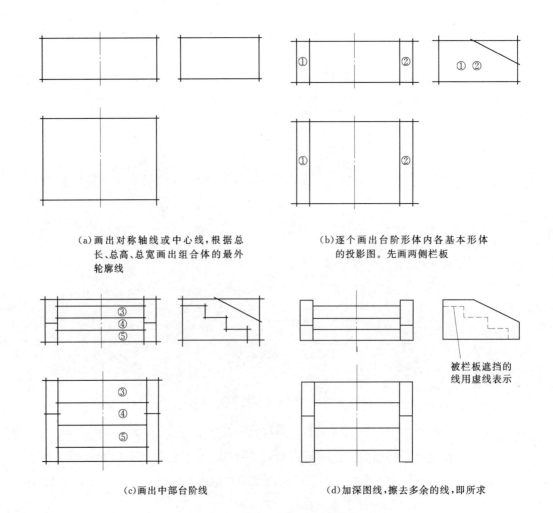

（a）画出对称轴线或中心线，根据总长、总高、总宽画出组合体的最外轮廓线

（b）逐个画出台阶形体内各基本形体的投影图。先画两侧栏板

被栏板遮挡的线用虚线表示

（c）画出中部台阶线

（d）加深图线，擦去多余的线，即所求

图 2.2.6　台阶的三面投影图的绘制步骤

新编建筑制图

作图过程中一般按先画大形体后画小形体，先画曲面体后画平面体，先画实体后画空腔的次序进行。对于每个组成部分，应先画反映形状特征的投影，再画其他投影。要特别注意各部分的组合相对位置关系（前后、左右、上下）和表面连接关系（共面、不共面、相切、相交）的投影处理。

2. 绘图阶段第二步：校核、整理、加深组合体投影线

如图 2.2.6（d）所示。

总的来说，步骤示意如下：对组合体进行形体分析──→确定组合体的摆放位置──→用 2H 铅笔打底稿作图──→校核、整理、加深组合体投影线。

 任务评价

1. 任务完成

任务参考答案如图 2.2.7 和图 2.2.8 所示。

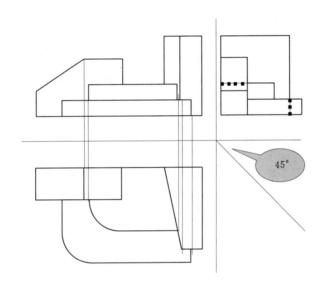

图 2.2.7　任务 1 解答参考

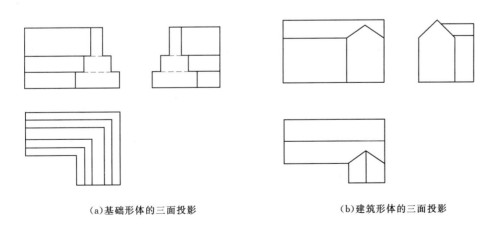

（a）基础形体的三面投影　　　　　　　　（b）建筑形体的三面投影

图 2.2.8　任务 2 解答参考

2. 任务评分

评价等级	评价内容及标准
优秀（90～100 分）	不需要他人指导，能按照形体摆放位置，正确运用比例表达图样，投影图位置正确合理，投影线符合三面投影三等关系，投影线虚、实运用合理，投影线完整、准确、无遗漏，投影线与辅助线区分合理、清晰，图面整洁，作图迅速，并能指导他人完成任务
良好（80～89 分）	不需要他人指导，能按照形体摆放位置，正确运用比例表达图样，投影图位置正确合理，投影线符合三面投影三等关系，投影线完整、准确、无遗漏，投影线与辅助线区分合理、清晰，图面整洁，作图比较迅速
中等（70～79 分）	在他人指导下，能按照形体摆放位置，正确运用比例表达图样，投影图位置正确合理，投影线符合三面投影三等关系，投影线完整、准确、无遗漏，图面整洁
及格（60～69 分）	在他人指导下，能正确布置形体在投影体系中的位置，按照比例要求正确表达图样，投影图位置正确合理，投影线符合三面投影三等关系，投影线完整、准确、无遗漏

 课后讨论与练习

1. 补全如图 2.2.9 所示的组合体三面投影图中漏掉的投影线。

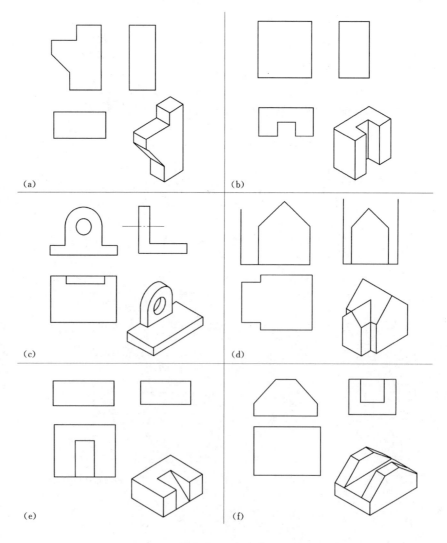

图 2.2.9　组合体

2. 模仿如图 2.2.10 示例，选择周围建筑物 2 个，进行形体分析。

3. 完成如图 2.2.11 所示的组合体三面投影图。

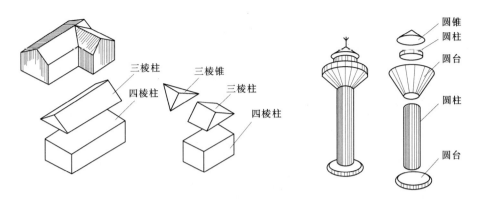

图 2.2.10　建筑形体分析示例

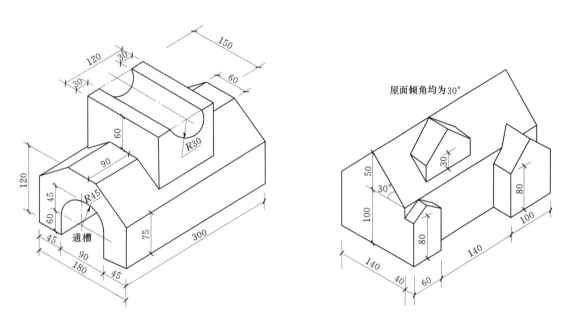

图 2.2.11　绘制组合体的三面投影

4. 观察周围建筑中 3 种不同形式的楼梯，并画出三面投影图。

5. 查找并参考相关尺寸规范标注资料，尝试对任务二中的内容（1）"台阶"的三面投影图进行合理的尺寸标注。

 **知识与技能链接**

任何复杂形体都是由简单形体（基本形体）经过叠加或切割或混合（既有叠加又有切割）的方式形成的新形体。组合体是实际复杂形体的抽象，是抽象几何体向实际建筑形体的过渡。

许多建筑物的构配件可以看成是组合体，从宏观角度观察，许多建筑物都可以把它们看成组合体，如图 2.2.12 和图 2.2.13 所示。

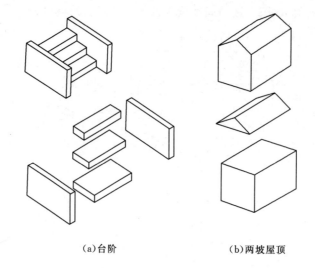

(a)台阶 (b)两坡屋顶

图 2.2.12 叠加式组合体

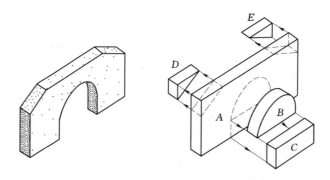

图 2.2.13 切割式组合体

项目三 根据二维平面图样想象三维空间立体

任务一 简单形体的图样阅读

任务目标

(1) 掌握基本形体投影图的投影特征，为图样阅读奠定基础。

(2) 掌握轴测图的基本绘制方法，具有基本形体的空间表达能力。

(3) 具有由简单二维平面和三维立体相互转化的空间想象力。

任务内容和要求

根据下面图 3.1.1 基本形体的投影图，合理用轴测图绘制表达其空间形体。

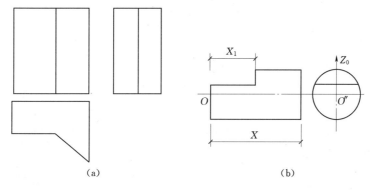

图 3.1.1　基本形体投影图的阅读

第一步：理解读图与画图的关系

画图容易读图难。如果说，根据给定的三维空间形体画出对应的二维平面投影图还是比较容易的话，那么，根据二维平面投影图来想象三维对应的空间形体样子就比较难了。读图是建立在熟练作图的基础上的。

读图是画图的逆过程，即根据给定的二维平面投影图信息，想象出对应的空间形体状况，如图 3.1.2 所示。

第二步：观察、分析三面投影图，并运用常见形体的三面投影特征进行判断想象

1. 案例解答

【例 1】　根据图 3.1.3（a）的三面投影图，判定其空间形体状况。

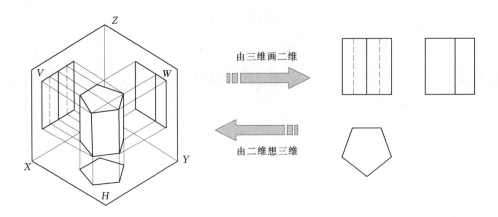

图 3.1.2　读图是画图的逆过程

步骤一：首先判定是哪一类型的基本形体，是平面立体还是曲面立体？以限定想象范围。

经过观察，三面投影图全部由直线组成，无曲线，可限定为平面立体范围。

步骤二：判定是哪一种具体的基本形体。是棱柱、棱锥还是棱台？

经过观察，三面投影图中一个投影为正六边形，另外两个投影为若干矩形。三面投影图的信息满足棱柱的三面投影特征，可判定正六棱柱。

步骤三：判定该六棱柱的摆放状态。

经过观察，水平投影为正六边形，是反映正六棱柱的端面实际形状的，因此，可以判定该正六棱柱的端面是平行于水平投影面放置的。

因此，判定其空间形体状况如图 3.1.3（b）所示。

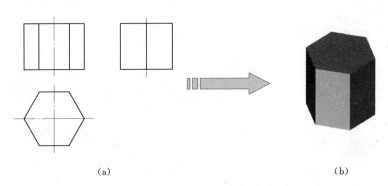

（a）　　　　　　　　　　　　　　　　　（b）

图 3.1.3　根据三面投影图，判定其空间形体状况

【例 2】　根据图 3.1.4（a）的三面投影图，判定其空间形体状况。

步骤一：经过观察，三面投影图全部由直线组成，无曲线，可限定为平面立体范围。

步骤二：经过观察，三面投影图中一个投影为不等边的五边形，另外两个投影为若干矩形。三面投影图的信息满足棱柱的三面投影特征，可判定五棱柱。

步骤三：判定该五棱柱的摆放状态。经过观察，侧面投影为五边形，是反映五棱柱的端面实际形状的，因此，可以判定该五棱柱的端面是平行于侧投影面放置的。

因此，判定其空间形体状况如图 3.1.4（b）所示。

【例 3】　根据图 3.1.5（a）的三面投影图，判定其空间形体状况。

步骤一：经过观察，三面投影图有曲线出现，可限定为曲面立体范围。

步骤二：经过观察，三面投影图中一个投影圆形，另外两个投影为大小一样的梯形。

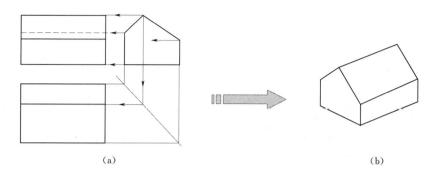

(a)　　　　　　　　　　　　　　　　　　(b)

图 3.1.4　根据三面投影图，判定其空间形体状况

三面投影图的信息满足圆台的三面投影特征，可判定为圆台。

步骤三：判定该圆台的摆放状态。经过观察，侧面投影为两同心圆，是反映圆台端面实际形状的圆形，因此，可以判定该圆台的端面是平行于侧投影面放置的。

因此，判定其空间形体状况如图 3.1.5（b）所示。

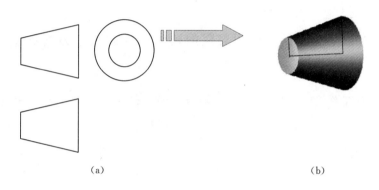

（a）　　　　　　　　　　　　　　　　　　（b）

图 3.1.5　根据三面投影图，判定其空间形体状况

2. 常见简单形体的三面投影特征及运用

平面立体的投影线全部是直线，曲面立体的投影线中必定有曲线。具体如下：

（1）棱柱的三面投影特征。

将（直）棱柱。（四棱柱、五棱柱、六棱柱等）的三面投影对比后会发现：

棱柱的三面投影图特征是：其中一个投影为多边形，四棱柱就是四边形，五棱柱就是五边形，六棱柱就是六边形等，另外两个投影为一个或若干矩形。

三面投影图的信息满足上述特点的即可判定为棱柱，否则不是棱柱。

（2）棱锥的三面投影特征。

将棱锥（四棱锥、五棱锥、六棱锥等）的三面投影对比后会发现：

棱锥的三面投影图特征是：其中一个投影的外轮廓为多边形，四棱锥就是四边形，五棱锥就是五边形，六棱锥就是六边形等，另外两个投影为一个或若干有公共顶点的三角形。

三面投影图的信息满足上述特点的即可判定为棱锥，否则不是棱锥。

（3）棱台的三面投影特征。

我们将棱台（四棱台、五棱台、六棱台等）的三面投影对比后会发现：

棱台的三面投影图特征是：其中一个投影为两个相似多边形，四棱台就是四边形，五棱台就是五边形，六棱台就是六边形等，另外两个投影为一个或若干梯形。

三面投影图的信息满足上述特点的即可判定为棱台，否则不是棱台。

（4）圆柱的三面投影特征。

两个投影的外轮廓为大小一样的矩形，另一个投影为圆形。

三面投影图的信息满足上述特点的即可判定为圆柱，否则不是圆柱。

（5）圆锥的三面投影特征。

两个投影的外轮廓为大小一样的等腰三角形，另一个投影为圆形。

三面投影图的信息满足上述特点的即可判定为圆锥，否则不是圆锥。

（6）圆台的三面投影特征。

两个投影的外轮廓为大小一样的梯形，另一个投影为两同心圆。

三面投影图的信息满足上述特点的即可判定为圆台，否则不是圆台。

（7）圆球的三面投影特征。

三个投影为大小相等的圆形。三面投影图的信息满足上述特点的即可判定为圆球，否则不是圆球。

第三步：尝试绘制三面投影图对应的轴测图或做出三面投影图对应的立体模型

作为一名设计工作者，不仅要将图看懂，能够根据三面投影图，想象出其空间立体的样子，更需要表达给别人看。因此，基本形体的空间表达必不可少。

空间立体的表达方式有：①利用模型的方式表达，直观性强但耗时；②利用轴测图的方式表达，具有一定直观性，表达较快。

画基本形体轴测图的方法主要采用坐标法。即按照物体的坐标值确定基本体上各特征点的轴测投影并连线，从而得到基本形体的轴测图。基本步骤与方法如下：确定轴测图的种类，根据轴测图种类，先绘制出水平投影的轴测图，再根据各投影点位置对应的高度，画出各水平轴测图对应的高度，连接需要的各点，与想象对比加深各可见线。现以正等测绘制举例如下：

【例4】 根据三面投影图，勾画其空间形体的正等测。

正等测中表达空间三维向量的坐标轴绘制见图 3.1.6 所示。绘制步骤方法如图 3.1.7 所示。

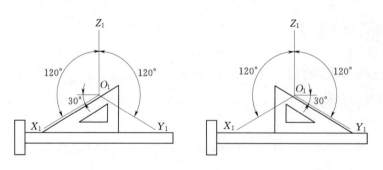

图 3.1.6 正等测的坐标轴绘制

【例5】 根据三面投影图，勾画其空间形体的正等测。

绘制步骤方法如图 3.1.8 所示。

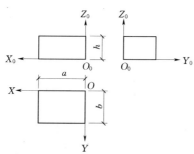

(a)在正投影图上定出原点和坐标
轴的位置

(b)画轴测轴,在 O_1X_1 和 O_1Y_1 上分别量
取 a 和 b,过 I₁、II₁ 作 O_1X_1 和 O_1Y_1
的平行线,得长方体底面的轴测图

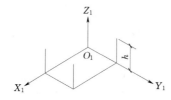

(c)过底面各角点作 O_1Z_1 轴的平行线,量
取高度 h,得长方体顶面各角点

(d)连接各角点,擦去多余的线,并描深,即得
长方体的正等测图,图中虚线可不必画出

图 3.1.7 根据三面投影图绘制长方体轴测图

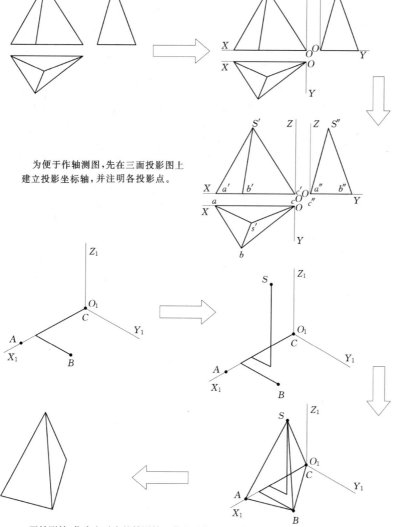

为便于作轴测图,先在三面投影图上
建立投影坐标轴,并注明各投影点。

画轴测轴,依次在对应的轴测轴上截取对应的投影点 A、B、C,根据高度定出 S 点,
然后连接各点。最后,整理加深可见轮廓线。

图 3.1.8 根据三面投影图绘制三棱锥的轴测图

【例 6】 根据三面投影图，勾画其空间形体的正等测。

绘制步骤方法如图 3.1.9 所示。其中，圆的正等测绘制如图 3.1.10 所示。

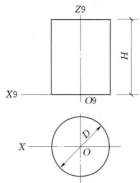

（a）在正投影图上定出原
点和坐标轴位置

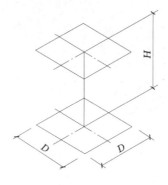

（b）根据圆柱的直径 D 和高 H，作上
下底圆外切正方形的轴测图

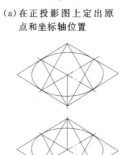

（c）用四心法画上下底圆
的轴测图

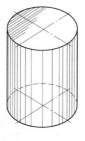

（d）作两椭圆公切线，擦去多余线条并
描深，即得圆柱体的正等测图

图 3.1.9　根据三面投影图绘制轴测图的绘制步骤方法

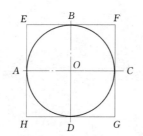

（a）在正投影图上定出原点和坐标轴
位置，并作圆的外切正方形 efgh

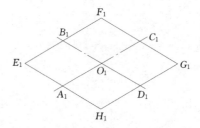

（b）画轴测轴及圆的外切正方形的
正等测图

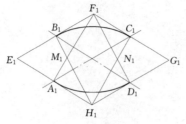

（c）连接 F_1A_1、F_1D_1、H_1B_1、H_1C_1，分
别交于 M_1、N_1，以 F_1 和 H_1 为圆
心，F_1A_1 或 H_1C_1 为半径作大圆弧
B_1C_1 和 A_1D_1

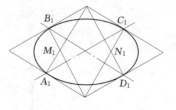

（d）以 M_1 和 N_1 为圆心，M_1A_1 或
N_1C_1 为半径作小圆弧 A_1B_1 和 C_1D_1，
即得平行于水平面的圆的正等测图

图 3.1.10　圆的正等测绘制

【例 7】 根据三面投影，勾画其空间形体的正等测。

圆角的绘制步骤方法如图 3.1.11 所示。平板圆角的正等测绘制如图 3.1.12 所示。

新编建筑制图

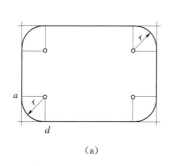

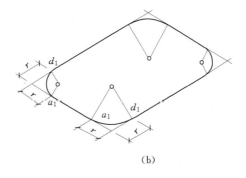

(a) (b)

图 3.1.11 圆角的正等测绘制

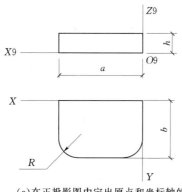

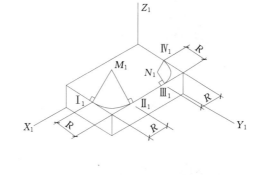

(a)在正投影图中定出原点和坐标轴的位置

(b)先根据尺寸 a、b、h 作平板的轴测图,由角点沿两边分别量取半径 R 得 I_1、II_1、III_1、IV_1 点,过各点作直线垂直于圆角的两边,以交点 M_1、N_1 为圆心,$M_1 I_1$、$N_1 III_1$ 为半径作圆弧

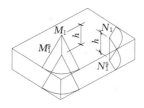

(c)过 M_1、N_1 沿 $O_1 Z_1$ 方向作直线量取 $M_1 M_1^0 = N_1 N_1^0 = h$,以 M_1^0、N_1^0 为圆心分别以 $M_1 I_1$、$N_1 III_1$ 为半径作弧得底面圆弧

(d)作右边两圆弧切线,擦去多余线条并描深,即得有圆角平板的正等测图

图 3.1.12 平板圆角的正等测绘制

斜二测的绘制步骤方法与正等测大体相同,只是斜二测中表达空间三维向量的坐标轴绘制与正等测不同,如图 3.1.13 所示。同时,斜二测的宽度量取值为正投影宽度值的 0.5 倍。立方体的斜二测表达如图 3.1.14 所示。关于圆的斜二测的绘制也与圆的正等测绘制

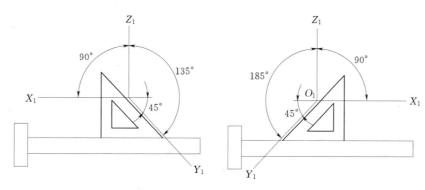

图 3.1.13 斜二测的坐标轴绘制

不同，如图 3.1.15 所示。

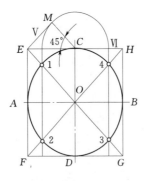

图 3.1.14　立方体的斜二测表达

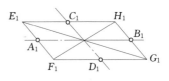

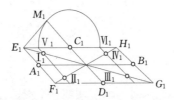

（a）作圆的外切正方形 $EFGH$，并连接对角线 EG、FH 交圆周于 1、2、3、4 点

（b）作圆外切正方形的斜二测图，切点 A_1、B_1、C_1、D_1 即为椭圆上的四个点

（c）以 E_1C_1 为斜边作等腰直角三角形，以 C_1 为圆心，腰长 C_1M_1 为半径作弧，交 E_1H_1 于 V_1、VI_1，经 V_1、VI_1 作 C_1D_1 的平行线 与对角线交 I_1、II_1、III_1、IV_1 四点

（d）依次用曲线板连接 A_1、I_1、C_1、IV_1、B_1、III_1、D_1、II_1、A_1 各点即得平行于水平面 的圆的斜二测图

图 3.1.15　圆的斜二测绘制

 任务评价

1. 任务完成

参考答案如图 3.1.16。

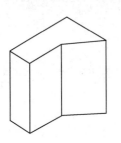

图 3.1.16　任务解答参考

注意：

（1）由于轴测图属于平行投影，因此在轴测图绘制中，利用平行投影的特点绘制会更有效。即空间物体上相互平行的线段其轴测投影保持平行绘制；物体上平行于投影轴（坐标轴）的直线，在轴测图绘制中要平行于相应的轴测轴绘制。

(2) 在绘制过程中，需要针对俯视和仰视的角度，高度方向向下截取或向上截取。

3. 轴测图中不可见的线不加深或擦掉。

4. 必要的情况下，可以用纸张折出或其他模型表达自己想象的形体。

2. 任务评分

评价等级	评价内容及标准
优秀（90～100 分）	不需要他人指导，能按照三面投影信息正确想象并表达空间图样，轴测立体图正确合理，轴测图线完整、准确、无遗漏，轴测线与辅助线区分合理、清晰，图面整洁，作图迅速，并能指导他人完成任务
良好（80～89 分）	不需要他人指导，能按照三面投影信息正确想象并表达空间图样，轴测立体图正确合理，轴测线完整、准确、无遗漏，轴测线与辅助线区分合理、清晰，图面整洁，作图比较迅速
中等（70～79 分）	在他人指导下，能按照三面投影信息正确想象并表达空间图样，轴测立体图正确合理，轴测线完整、准确、无遗漏，图面整洁
及格（60～69 分）	在他人指导下，利用模型，能按照三面投影信息正确想象并表达空间图样，轴测立体图正确合理，轴测线完整、准确、无遗漏

 课后讨论与练习

1. 根据图 3.1.17 所示三面投影图，勾画其空间形体的正等测。

2. 根据给定的两面投影，如图 3.1.18 所示，先补全第三面投影，再勾画其空间形体的正等测。

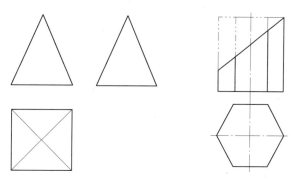

图 3.1.17   图 3.1.18

3. 根据图 3.1.19 所示不同的三面投影图，勾画其对应的空间形体正等测。

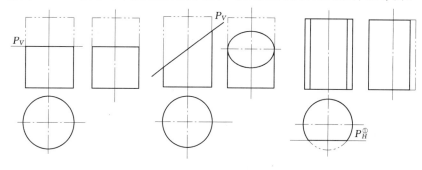

图 3.1.19

4. 根据图 3.1.20 所示的两面投影，补全侧面投影图，并勾画其空间形体的正等测。

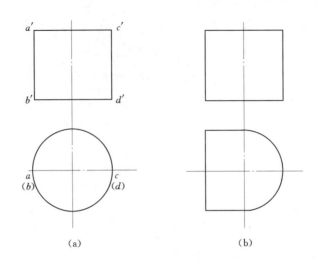

(a)　　　　　　　　　(b)

图 3.1.20　补全侧面投影图，并勾画空间形体

5. 根据图 3.1.21 所示点的三面投影 m、m'、m''，判断空间点 M 在体表面的位置状况。

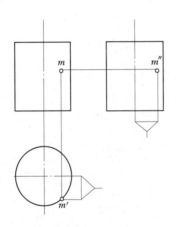

说明：空间点用大写英文字母表示，如 M，其对应的水平投影用小写英文字母表示，如 m，对应的正面投影用小写英文字母加撇表示，如 m'，对应的侧面投影用小写英文字母加双撇表示，如 m''。

图 3.1.21

6. 根据图 3.1.22 所示三棱柱和圆柱上线的投影，判断空间线 ABC 和 $ABCDE$ 在体表面的位置状况。

7. 查找轴测图相关资料，观察图 3.1.23 某小区规划水平斜等测轴测图与小区水平投影图之间的关系，并尝试绘制。

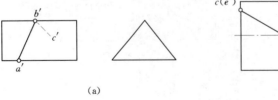
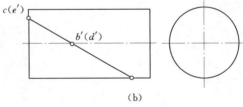

(a)　　　　　　　　　(b)

图 3.1.22

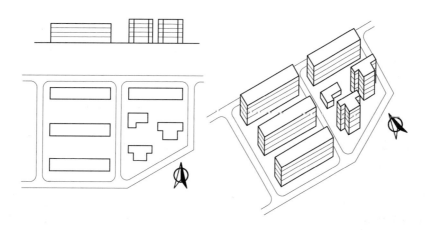

图 3.1.23　小区水平投影逆时针旋转

　　如图 3.1.23 所示，该轴测图绘制提示：将小区水平投影逆时针旋转 30°后竖立高，是水平斜等测的应用。

 知识与技能链接

　　1. 轴测图的形成

　　将物体和确定其空间位置的直角坐标系，沿不平行于任一坐标面的方向，用平行投影法（即投射线相互平行）将其投射在单一投影面上所得的具有立体感的图形叫做轴测图，如图 3.1.24 所示。

　　2. 轴测图与正投影图的区别与联系

　　轴测图与正投影图都是平行投影法的应用。但表现又各不相同。

　　如图 3.1.25 所示，同样是纪念碑的表达，用图 3.1.25（a）正投影图表达时，至少需要三个投影才能准确表达其空间状况，虽可以准确度量物体的形状和大小，但直观立体感较差，需要多个投影面联系起来才能读懂。而用图 3.1.25（b）轴

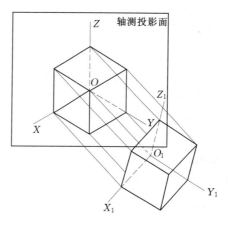

图 3.1.24　轴测图的形成

测图表达时，只需要一个投影面就可以表达其空间状况，直观立体感强，但不能准确度量物体的形状和大小。所以轴测图在工程中常用来作辅助图样。

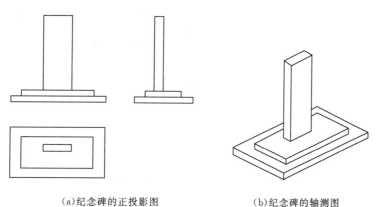

（a）纪念碑的正投影图　　　　　　（b）纪念碑的轴测图

图 3.1.25　纪念碑的正投影图与轴测图的比较

3. 轴测图的种类及应用

轴测图根据平行投影法形成，因为平行投影法有正投影和斜投影之分，那么，轴测图从形成方式上也就分为两类：

正轴测图：用正投影法所得到的轴测图。

斜轴测图：用斜投影法得到的轴测图。

如表3.1.1所示，在建筑工程制图中常用的轴测图有五种：

（1）正等测（正等轴测图）。

（2）正二测等轴测图（正二测轴测图）。

（3）正面斜等轴测图。

（4）正面斜二等轴测图。

（5）水平正面斜等轴测图。

表 3.1.1　　　　　　　　　　　　　　建筑工程制图常用轴测图

轴测投影的类型	正等测	正二测	正面斜等轴测	正面斜二轴测	水平斜等轴测
轴间角和轴向伸缩系数或简化系数	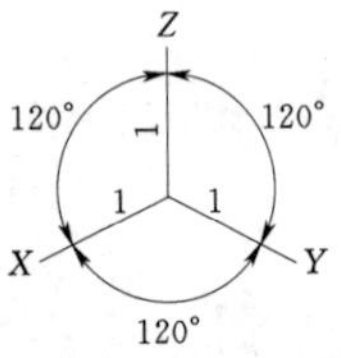	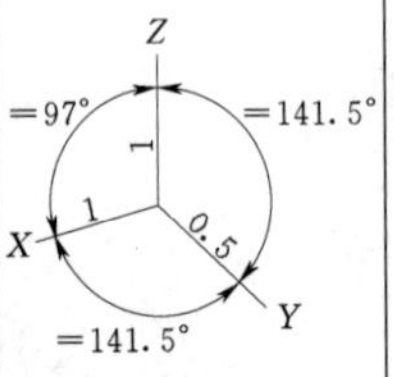	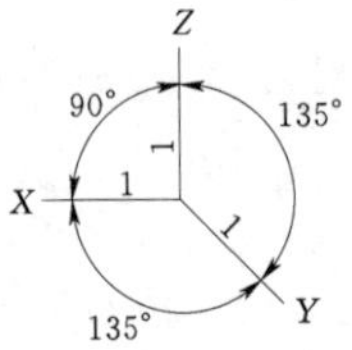	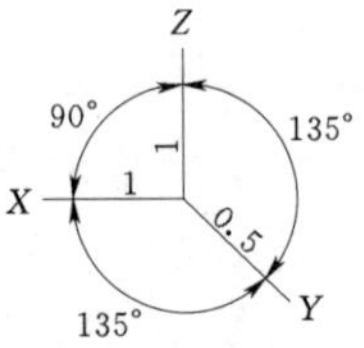	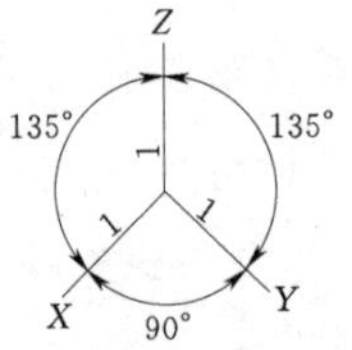
参考轴测轴和参考立方体的轴测图	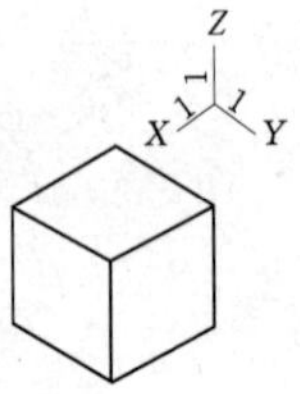	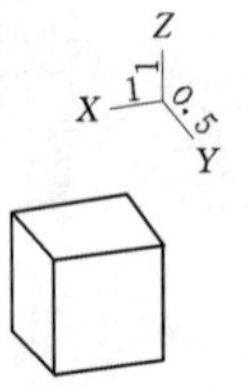	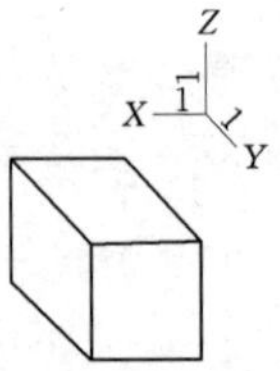	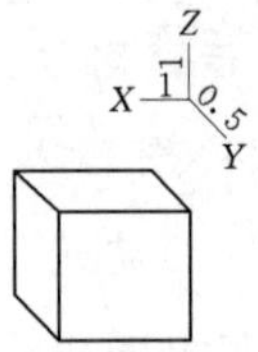	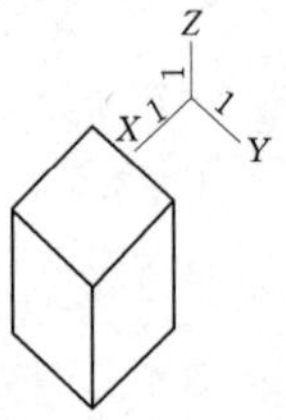
说明	表中所列的是简化系数，轴向伸缩系数是：$p_1 = q_1 = r_1 \approx 0.82$	表中所列的是简化系数，轴向伸缩系数是：$p_1 = r_1 \approx 0.94$；$q_1 = 0.47$	表中所列的是轴向伸缩系数；Y轴与Z轴的轴间角常用120°、135°、150°，Z轴保持铅直，可变动Y轴，最常用的是135°	表中所列的是轴向伸缩系数；Y轴与Z轴的轴间角常用120°、135°、150°，Z轴保持铅直，可变动Y轴，最常用的是135°	表中所列的是轴向伸缩系数：Y轴与Z轴的轴间角常用120°、135°、150°，Z轴保持铅直，可变动X轴和Y轴，最常用的Y轴与Z轴的轴间角是135°

选择时只要能够清楚表达形体的空间状况，方便于作图，不让人产生误解即可。在建筑设计过程中，根据表达需要，可以画成俯视轴测图、仰视轴测图，分层轴测图、分解轴测图、透明轴测图等。如图3.1.26～图3.1.29所示。

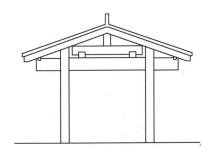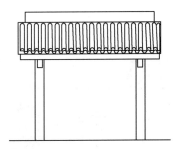

(a)某建筑的两面投影图

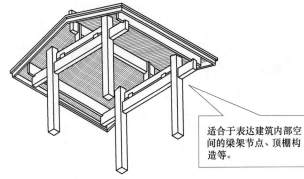

适合于表达建筑内部空间的梁架节点、顶棚构造等。

(b)根据投影绘制的俯视轴测图　　　　(c)根据投影绘制的仰视轴测图

图 3.1.26　俯视轴测图与仰视轴测图的应用

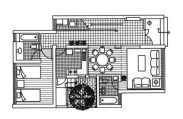

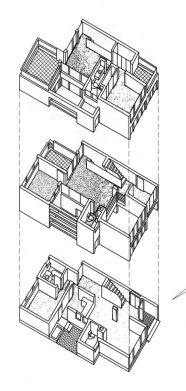

适合于表达建筑内部空间和实体在垂直方向上的相互关系、流线分析等。

图 3.1.27　分层轴测图

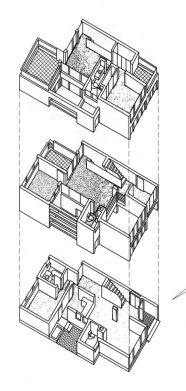

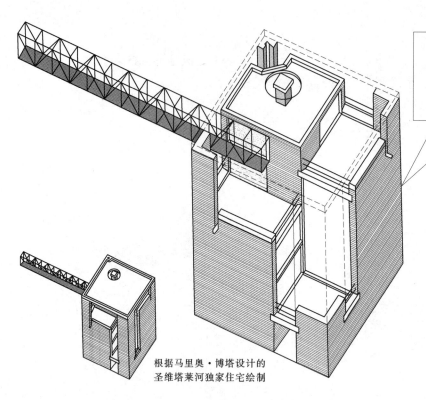

适合于表达建筑内外部空间关系。即将建筑物的某些外部构件当成透明材料,以虚线绘制,从而表达出内部。

根据马里奥·博塔设计的
圣维塔莱河独家住宅绘制

图 3.1.28 透明轴测图

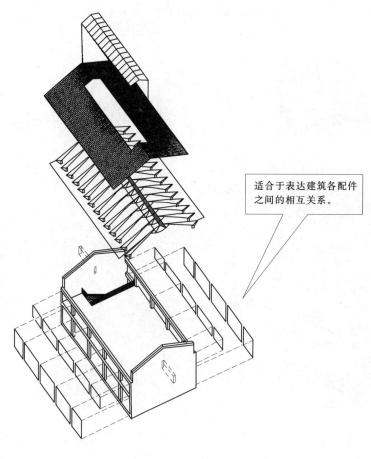

适合于表达建筑各配件之间的相互关系。

图 3.1.29 分解轴测图

任务二　复杂形体的图样阅读

任务目标

（1）掌握复杂形体投影图的识读方法，为建筑图纸识读奠定基础。

（2）具有将二维平面和三维立体相互转化的空间想象力。

（3）具有组合体的空间图示表达能力。

任务内容和要求

根据如图3.2.1所示组合体的投影图，合理用轴测图绘制表达其空间形体状况。

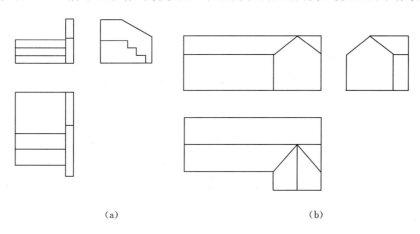

（a）　　　　　　　　　　　　　　（b）

图3.2.1　组合体投影图的阅读

任务实施

第一步：阅读知识的储备检查

1. 是否熟悉三面投影的投影关系？

2. 是否熟悉基本形体的投影特征，并能够根据基本形体三面投影图特征判断其空间形体吗？

任何复杂的形体都是由简单形体构成的。如图3.2.2所示，为三面投影的投影关系。

3. 理解投影图中线框和图线的含义吗？

投影图中线框和图线的含义如下：

（1）投影线可能是线的投影，也可能是面的积聚投影。

（2）投影图中的封闭线框，一般是立体上某一几何平面的投影，可能是平面、曲面，也可能是孔、槽的投影；如果投影图中出现虚线，则组合体中必有孔、洞、槽等出现。

（3）对照读图时，注意一般位置平面及非积聚

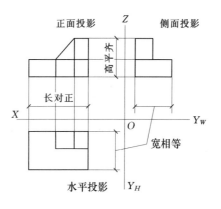

图3.2.2　三面投影的投影关系

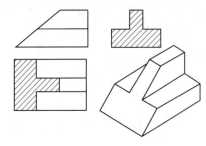

性投影都有类似性这个特点。

如图 3.2.3 所示。图中水平投影和侧面投影都具有的阴影部分封闭线框，但正面投影没有，说明了空间形体的表面左半部分必定是与阴影部分封闭线框具有类似性的平面。

图 3.2.3　类似性的读图应用

4. 是否了解一定的阅读方法？

（1）形体分析法（特别适用于叠加的组合体）。

基本思路：根据投影状况，先分别想象出各部分的基本形体形状；然后按投影图中相对位置关系，读出投影图所表达的整体形状。关键是封闭线框的对投影，对应的投影线也都是封闭线框。

【例 1】　根据图 3.2.4 组合体的投影图，想象其空间立体状况。

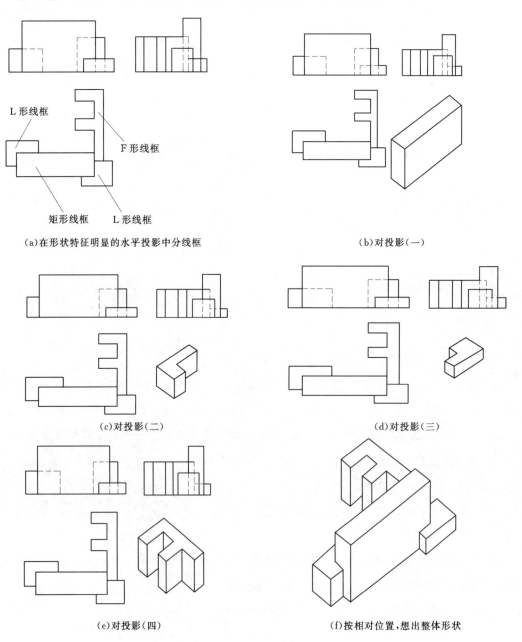

（a）在形状特征明显的水平投影中分线框　　　　　（b）对投影（一）

（c）对投影（二）　　　　　（d）对投影（三）

（e）对投影（四）　　　　　（f）按相对位置，想出整体形状

图 3.2.4　形体分析法的读图应用

步骤一：观察投影图整体。即投影线中有无曲线？找出形状特征明显的投影图。

经过观察，三面投影图全部由直线组成，无曲线，可限定为该组合体无曲面存在。水平投影形状特征明显，是读图入门的投影图。

步骤二：分线框。即根据水平投影形状特征明显的状况，将水平投影划分为四个封闭线框，如图 3.2.4（a）所示。

步骤三：对投影。即根据水平投影四个封闭线框，分别在正面投影和侧面投影中找出对应的投影线。并根据基本形体的投影特征，判断其对应的基本形体，如图 3.2.4（b）～（e）所示。

步骤四：按照水平投影的前后、左右位置以及正面投影的上下位置关系，综合想象出整体，如图 3.2.4（f）所示。

（2）关于线面分析法（适用切割组合体）。

基本思路是使用形体分析法比较困难时，采用的一种读图方法。即在封闭线框的对投影中，找出的对应投影线不是封闭线框，而是线段。此时，就转变为想象组合体是由哪些面围合而成的，而不是由基本形体叠加而成的。因为组合体是由表面的平面或曲面围合而成，所以线面分析法就是根据组合体的投影状况，分析出空间各相邻面的状况，然后按投影图中的相对位置关系，读出投影图所表达的整体形状。

【例 2】 根据图 3.2.5 组合体的投影图，想象其空间立体状况。

步骤一：观察投影图整体。有无曲线？找出形状特征明显的投影图。先用形体分析法进行。

经过观察，三面投影图全部由直线组成，无曲线，可限定为该组合体无曲面存在。从正面投影和侧面投影可以看出，该组合体分为上下两部分。下部分根据三面投影状况，符合长方体的投影特征，可判定为长方体。但上部分的形状就无法再使用形体分析法进行，而采用线面分析法。

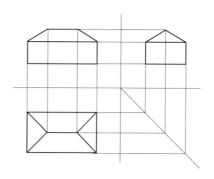

图 3.2.5 某组合体的投影图

步骤二：组合体上部分采用线面分析法，如图 3.2.6（a）～（g）所示。

步骤三：上部分和下部分叠加，想象出整体。如图 3.2.6（g）～（i）所示。

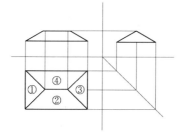

（a）把组合体投影图分解为若干个平面图形的投影图（线框）①、②、③、④，进行分析

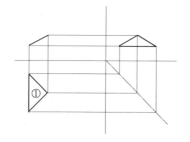

（b）①线框表示与 V 面垂直，与 H、W 面倾斜的三角形平面，不反映实形

图 3.2.6（一） 线面分析法读图的应用

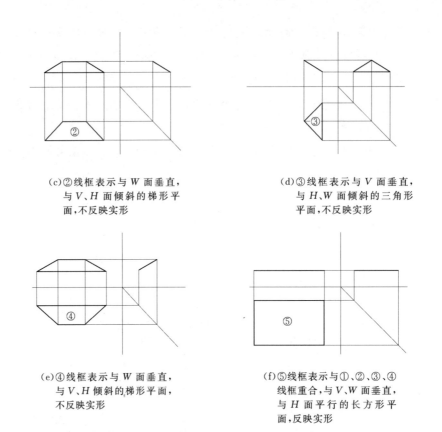

(c)②线框表示与 W 面垂直，
与 V、H 面倾斜的梯形平
面,不反映实形

(d)③线框表示与 V 面垂直,
与 H、W 面倾斜的三角形
平面,不反映实形

(e)④线框表示与 W 面垂直,
与 V、H 倾斜的梯形平面,
不反映实形

(f)⑤线框表示与①、②、③、④
线框重合,与 V、W 面垂直,
与 H 面平行的长方形平
面,反映实形

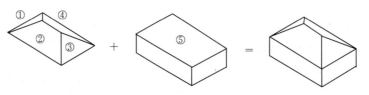

(g)经过综合线面分析所得的
形体上半部分空间形象

(h)经过前面形体分析所得出
的形体下半部空间形象

(i)经过叠加组合的形体
空间形象

图 3.2.6（二） 线面分析法读图的应用

第二步：阅图思维表达

在读图过程中，最好是边思考边勾画其空间立体形状，使自己的思考不断接近正确。即一般是先根据某一视图作设想，然后把自己的设想在其他视图上作验证，如果验证相符，则设想成立；否则再作另一种设想，直到想象出来的物体形状与已知的视图完全相符为止。

1. 案例解答

复杂形体的空间表达和基本形体的空间表达一样，有模型和绘图两种方式。其中，绘图表达也往往采用轴测图绘制的方法。但步骤比简单形体轴测图绘制步骤多。另外，在绘制过程中需要准确定出各个变化点的位置，才能连接出组合体的空间状况。举例如下。

【例3】 用正等测勾画出［例2］房屋模型的空间立体状况。

房屋模型的正等测图如图 3.2.7 所示。

步骤一：看懂三视图，想象房屋出模型形状。已在［例2］中进行。

步骤二：选定坐标轴，画出房屋的屋檐。一般将竖直方向作为高度方向。

步骤三：作下部的长方体。

步骤四：作四坡屋面的屋脊线的准确点位置。

步骤五：过屋脊线上的左、右端点分别向屋檐的左、右角点连线，即得四坡屋顶的四条斜脊的正等测，完成这个房屋模型正等测的全部可见轮廓线的作图。

步骤六：校核，清理图面，加深可见图线。

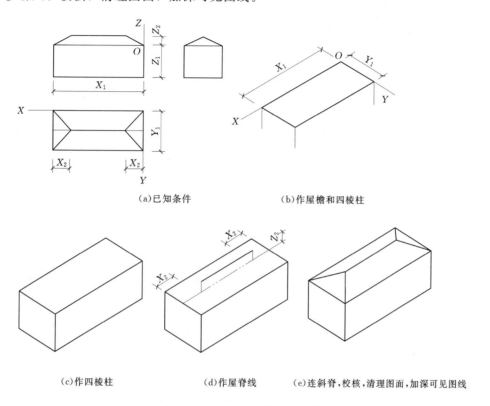

(a)已知条件　　　　　　　　(b)作屋檐和四棱柱

(c)作四棱柱　　　　(d)作屋脊线　　　(e)连斜脊，校核，清理图面，加深可见图线

图 3.2.7　作房屋模型的正等测

【例4】 根据图 3.2.8（a）组合体的投影图，想象并勾画其空间立体状况。

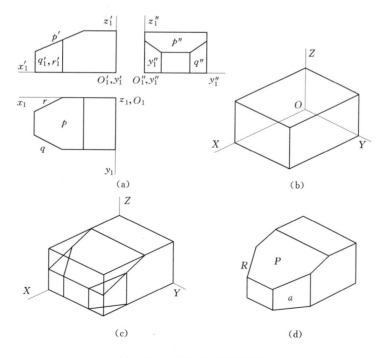

（a）　　　　　　　　　（b）

（c）　　　　　　　　　（d）

图 3.2.8　作组合体的正等测

【例5】 根据图 3.2.9（a）组合体的投影图，想象并勾画其空间立体状况。

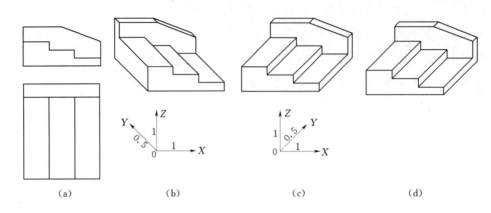

图 3.2.9　台阶的正面斜二测表达

【例6】 根据图 3.2.10（a）组合体的投影图，想象并勾画其空间立体状况。

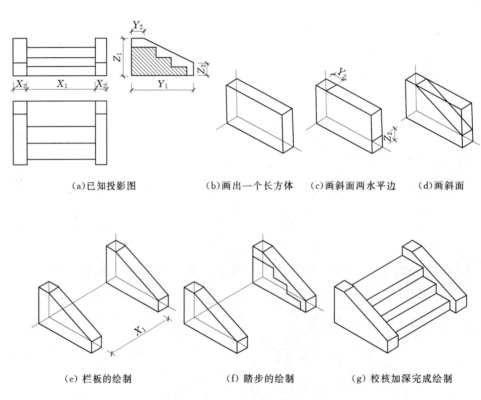

（a）已知投影图　　　（b）画出一个长方体　　（c）画斜面两水平边　（d）画斜面

（e）栏板的绘制　　　　　（f）踏步的绘制　　　　　（g）校核加深完成绘制

图 3.2.10　台阶的正等测表达

【例7】 根据图 3.2.11（a）组合体的投影图，想象并勾画其空间立体状况。

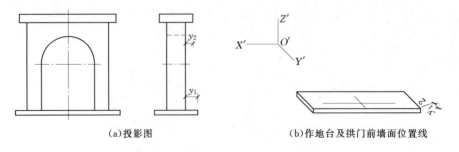

（a）投影图　　　　　　　　　　（b）作地台及拱门前墙面位置线

图 3.2.11（一）　拱门的正面斜二测表达

新编建筑制图

(c)作拱门前墙面　　　　　(d)完成拱门,作顶板前缘位置线　　　　　(e)作顶板,完成轴测图

图 3.2.11（二）　拱门的正面斜二测表达

2. 阅图基本要领

（1）读图是边看图、边想象的思维过程。由于人们对事物思维方式的差异，读图不存在一条简单的通用方法。因此，在阅读组合体投影图的过程中，并不是单一地使用某种方法就可以解决的，而是综合运用所掌握的方法与经验。一般来说，阅读投影图是"先整体，后细部"，即先用形体分析法认识立体的整体，进而用线面分析法认识立体的细部。

（2）一定要联系多个视图阅读，综合想象物体的形状。如图 3.2.12 和图 3.2.13 所示。

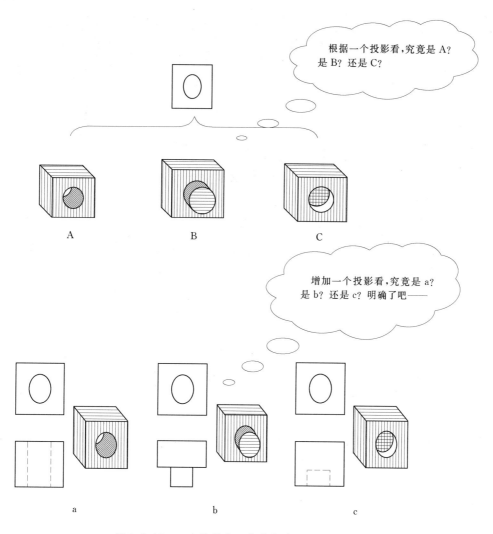

图 3.2.12　一个投影是不能确定其空间立体状况的

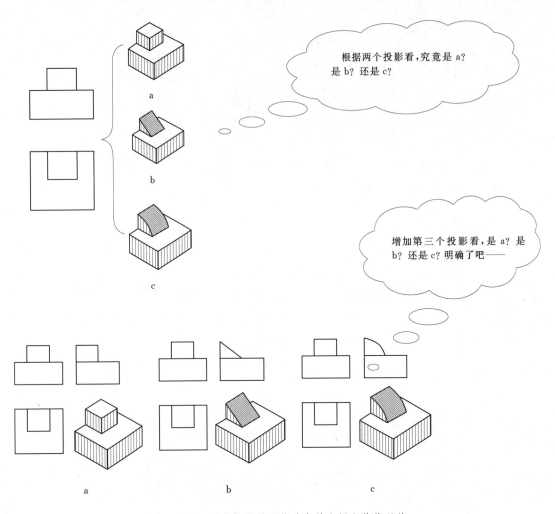

图 3.2.13　两个投影是不能确定其空间立体状况的

（3）注意抓特征视图。如图 3.2.12 中的水平投影反映了位置特征；而 3.2.13 中侧面投影反映了形状特征。

（4）注意分析图线、图框的含义。

1）图线表示交线、面、素线的投影；线框表示一个平面或曲面的投影。如果三个投影图对应的部位全部为线，则空间对应的一定是线，否则，空间对应的只能是面。

2）相邻线框表示不同位置的面（相交或不相交）。或上下、或前后、或左右。

3）大线框内的小线框表示凸出或凹下的小平（曲）面。

 任务评价

1. 任务完成

任务参考答案如图 3.2.14 所示。

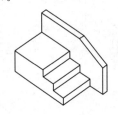

图 3.2.14　任务解答参考

2. 任务评分

评价等级	评价内容及标准
优秀（90~100分）	不需要他人指导，能按照三面投影信息正确想象并表达空间图样，轴测立体图正确合理，轴测图线完整、准确、无遗漏，轴测线与辅助线区分合理、清晰，图面整洁，作图迅速，并能指导他人完成任务
良好（80~89分）	不需要他人指导，能按照三面投影信息正确想象并表达空间图样，轴测立体图正确合理，轴测线完整、准确、无遗漏，轴测线与辅助线区分合理、清晰，图面整洁，作图比较迅速
中等（70~79分）	在他人指导下，能按照三面投影信息正确想象并表达空间图样，轴测立体图正确合理，轴测线完整、准确、无遗漏，图面整洁
及格（60~69分）	在他人指导下，利用模型，能按照三面投影信息正确想象并表达空间图样，轴测立体图正确合理，轴测线完整、准确、无遗漏

 课后讨论与练习

1. 对比［例5］和［例6］，你认为哪一种表达更好？

2. 观察［例5］和［例7］，轴测图的正立面与正面投影关系？

3. 根据图3.2.15所示三面投影图，勾画其空间形体的正等测。

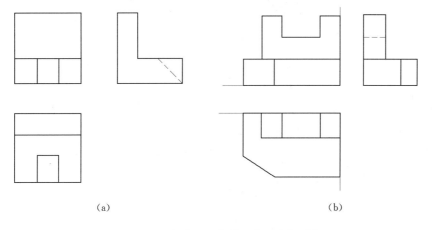

（a）　　　　　　　　　　　　　　（b）

图3.2.15　根据三面投影，勾画空间形体

4. 根据图3.2.16和图3.2.17所示的两面投影，试勾画其空间形体状况。

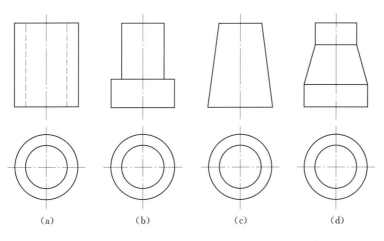

（a）　　　　（b）　　　　（c）　　　　（d）

图3.2.16　根据两面投影，勾画其空间形体

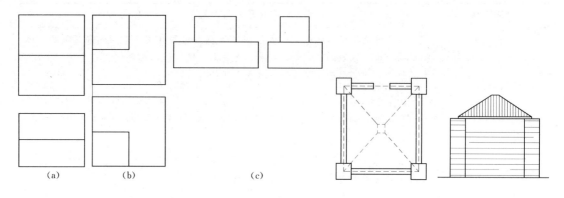

图 3.2.17　根据两面投影，勾画其空间形体　　　　图 3.2.18　某建筑形体投影图

5. 结合对投影图 3.2.18 的理解，按图 3.2.19 步骤抄绘建筑形体的轴测图。

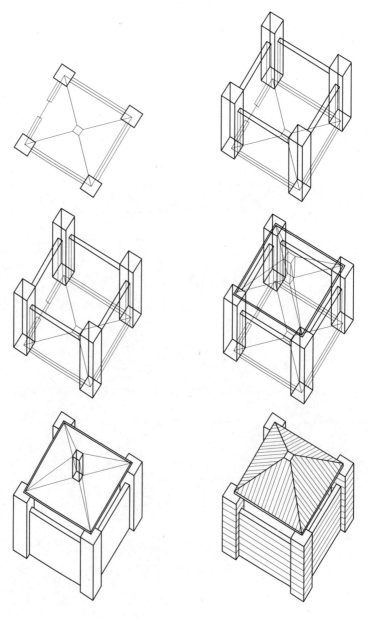

图 3.2.19　某建筑形体的轴测图绘制步骤与方法

6. 根据图 3.2.20 所示三面投影图，以 4 人为一组做其空间形体模型，并绘制轴测图。

7. 根据图 3.2.21 所示三面投影图，以 4 人为一组做其空间形体模型，并绘制轴测图。

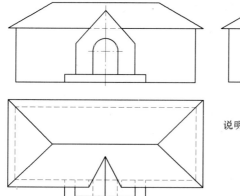
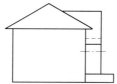

说明：1. 按照 3:1 做建筑形体的模型；
　　　　制作材料不限。
　　　2. 将模型粘在 A2 纸板上。
　　　3. 制作班级、成员名单等信息粘
　　　　在纸板背面。

图 3.2.20　做建筑形体的模型，并绘制轴测图

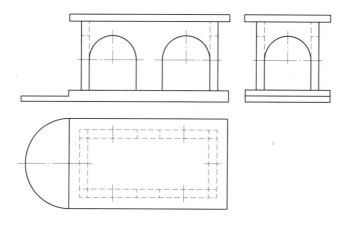

图 3.2.21　做建筑形体的模型，并绘制轴测图

项目四 建筑施工图的识读与手工绘制

任务一 了解建筑施工图

任务目标

(1) 了解建筑工程施工图的分类与编排次序，掌握建筑施工图的编排次序。

(2) 掌握图纸目录、设计说明的作用；建筑施工图图纸目录编写次序，建筑设计说明的编写要求。

(3) 熟悉建筑施工图的图示图例、符号等。

(4) 了解建筑设计的基本流程和各阶段图纸设计深度的基本原则。

任务内容和要求

如图 4.1.1、图 4.1.2 所示，是一套建筑施工图，阅读图纸目录、建筑设计说明。

要求：

(1) 语言描述出本套图纸的总数量及组成。

(2) 语言描述出本套图纸的排序。

(3) 语言描述出某内容图纸，如建筑南立面图或 1—1 剖面图所在的图号、绘图比例等。

(4) 通过建筑设计说明，语言描述出的该建筑的名称、建设地点、建设单位、建筑面积等。

任务实施

第一步：仔细翻阅图纸目录，了解建筑施工图图纸的类型、数量、排序

1. 图纸目录

图纸目录位于整套图纸中图纸封皮的后面，又称首页图。主要表达该套图纸有几类，各类图纸分别有几张，每张图纸的图号、图名、图幅大小等信息；如采用标准图，在目录中应注写出所使用标准图的名称、所在的标准图集和图号或页次，如图 4.1.3 所示。图纸目录可以独立为一张图纸，也可以和建筑设计说明共用一张图纸。在空间仍有余的情况下，还可以将门窗统计表与图纸目录放在同一张图纸上。

2. 房屋施工图的组成种类及排序

房屋施工图是建造房屋的重要技术依据，是直接用来为施工服务的图样。整套图纸应该完整统一、尺寸齐全、明确无误。一套完整的房屋施工图通常有：建筑施工图、结构施工图和设备施工图，简称"建施"、"结施"和"设施"。而设备施工图则按需要又有给水排水施工图、采暖通风施工图、电气施工图等，简称"水施"、"暖施"、"电施"。

建筑设计说明(一)

图 纸 目 录

序号	图号	图纸名称	图幅	备注
1	建施-01a	图纸目录　建筑设计说明(一)	A2	
2	建施-01b	建筑设计说明(二)	A2	
3	建施-02	总平面图	A2	
4	建施-03	一层平面图	A2	
5	建施-04	二层平面图	A2	
6	建施-05	屋面平面图	A2	
7	建施-06	南立面图	A2	
8	建施-07	北立面图	A2	
9	建施-08	东立面图	A2	
10	建施-09	西立面图	A2	
11	建施-10	1—1剖面图	A2	
12	建施-11	楼梯详图	A2	
13	建施-12	厨房、厕所详图	A2	
14	建施-13	墙身大样(一)	A2	
15	建施-14	墙身大样(二)	A2	
16	建施-15	门窗表、门窗详图	A2	

一、设计依据

1.《房屋建筑制图统一标准》　GB/T 50001—2010
2.《建筑制图标准》　GB/T 50104—2010
3.《民用建筑设计通则》　GB 50352—2005
4.《建筑设计防火规范》　GB 50016—2006(2006 版)
5.《住宅设计标准》　DGJ 08—20—2007、J10090—2007
6.《夏热冬冷地区居住建筑节能设计标准》　JGJ 134—2001
7. 甲方委托书及有关部分审批文件。

二、建筑概况

本工程为××住宅小区××＃两层独立式住宅,采用坡屋顶,其他设计信息如下:

基地面积:	180.0m^2	使用年限:	50 年
建筑面积:	157.2m^2	耐火等级:	三级
建筑占地面积:	82.9m^2	屋面防水等级:	Ⅲ级
一屋建筑面积:	82.9m^2	抗震设防烈度:	七度
二层建筑面积:	74.3m^2		

三、总平面定位

本工程为中套住宅基地面积 180.0m^2,基地尺寸南北向长度为 16.000m,东西向长度 11.250m。建筑的东西向外墙离边界 0.805mm,北向离边界 1.460m(见总平面示意图)。

四、尺寸标注

1. 建筑所注门窗尺寸洞口尺寸,尺寸单位为毫米(mm)。
2. 建筑图所注楼地面、吊顶及详图标高均为建筑完成面标高,屋面标高为结构面标高,尺寸单位为米(m)。
3. 建筑平、立、剖面图及节点详图等使用时,应以所注尺寸为准,不能直接以图纸比例度量。

五、楼地面

1. 底面卧室、客厅、餐厅为架空预制混凝土板,厨房、厕所、杂物间和楼梯间为回填土地面。

1)回填土地面:素土夯实,150 厚度碎石垫层,60mm 厚 C15 混凝土基层,防水涂料二层并沿墙四周上翻 20mm 高,40mm 厚 C20 细石混凝土随捣随光,内配Φ6@300 双向钢筋网片,面层粘贴地砖由用户自定,完成面标高比客厅低 20mm。

2)架空楼板地面:预制混凝土楼板上做 40mmC15 防水细石混凝土(掺 5%防水剂)内配 ϕ6@200 及双向钢筋网一次粉平,上部面层预制 30mm 厚由用户自定。

3)回填土与架空板相邻贴邻处地基面至室内地坪的墙身采用 C15 密实混凝土浇捣。

2. 二层现浇钢筋混凝土楼地面:现浇钢筋混凝土楼板,20mm 厚 1∶2.5 水泥砂浆找平层,结构施工时应预留 50mm 建筑面层厚度。

3. 二层卫生间地面:现浇钢筋混凝土板,1∶3 水泥砂浆找坡 i=0.5%最薄处 20 厚,1∶1 水泥砂浆掺 5%防水剂修补地面和四周墙根 200mm 高范围,防水涂料二层并在基层并沿周边翻起 20mm,上做 20mm 厚 1∶2.5 水泥砂浆找平层,上贴地砖用户自定,完成面标高比卧室低 20mm。

六、墙体

提倡使用加气混凝土砌块和混凝土空心砌块等新型的墙体材料(外墙 200mm 厚,内墙 100mm 厚),本图集目前阶段使用:

1. 外墙:外墙为多孔黏土砖厚度 240mm,外墙保温做法见围护结构节能设计。
2. 内墙:多孔黏土砖厚度 240mm,其余半砖墙为 120mm 厚多孔黏土砖。
3. 墙体砌筑要求:墙身材料及砂浆的强度和砌筑构造要求见结构设计说明,内墙砌筑时宜与其他设备图配合,做好预留、预埋、避免不必要的敲凿和返工。
4. 外墙勒脚、散水等:

1)散水坡:外墙四周设置散水宽度 800,做法见详图,室外收水口详见给排水专业图纸。

2)台阶:室外台阶用碎砖石做基层,60mmC15 混凝土砌踏步,完成面标高低于室内地坪 15mm,与外墙缝用油膏嵌缝,面层为 1∶2.5 水泥砂浆 200mm 厚,上贴地砖由用户自定。

3)勒脚:外墙多孔粘土砖外用 1∶3 水泥砂浆,见建筑详图。

5. 内墙粉刷:

1)混合砂浆粉刷:10 厚 1∶1∶6 混合砂浆打底,8 厚 1∶1∶4混合砂浆粉面,满批白水泥加建筑胶水批嵌二道。面层用户自定,用于卧室、客厅、餐厅、楼梯间。

图纸目录　建筑设计说明(一)	姓名	
	成绩	
	图号	建施-01a

图 4.1.1　图纸目录和建筑设计说明(一)

姓名
成绩
图号　建施－01b
图纸目录　建筑设计说明（二）

建筑设计说明（二）

2.各部位保温做法。
1）外墙外保温做法为无机保温砂浆外涂料（颜色用户可自定）：240厚多孔黏土砖先做15mm厚无机保温砂浆。
2.5水泥砂浆找平，再涂界面砂浆30mm厚聚合物抗裂砂浆（压入一层耐碱玻纤网格布）刷高级外墙涂料二度，专用底漆一度、专用底漆二度（色料用户自定）。
2）屋面保温做法为挤塑聚苯乙烯泡沫板（XPS）保温系统。
a）坡屋面：现浇钢筋混凝土楼板，15厚1：3水泥砂浆找平，4mm厚（2.0＋2.0）APP改性沥青防水卷材，无纺布36mm厚挤塑聚苯乙烯泡沫板（XPS）35mm厚C20，无防水细石混凝土找平层（内配6@500×500钢筋网片），顺水条。30mm×25mm间距600，木挂瓦，上挂块瓦（用户自定）。
b）上人保温平屋面（露台）：现浇钢筋混凝土楼板轻质混凝土找坡2%，最薄处20mm，15mm厚1：2.5水泥砂浆找平找坡，4mm厚（2.0＋2.0）APP改性沥青防水卷材，30mm厚挤塑聚苯乙烯泡沫板（XPS），40厚细石混凝土，20mm厚1：2.5水泥砂浆护层，上用1：3水泥砂浆铺地砖（用户自定）。
3）门窗系统：
a）外窗及阳台门普通中空玻璃5＋6A＋5（成品）。
b）门：防盗保温门（内填15mm玻璃棉）适用于入户门。
c）阳台门采用塑钢窗普通中空玻璃5＋9A＋5成品。
d）住宅外窗及阳台门气密性等级均不能低于3级。
3.使用的屋面、墙身材料及屋面、墙身的保温材料应达到相关标准的产品标准和规范要求。

2）水泥砂浆粉刷：8厚1：3水泥砂浆打底，2厚1：1水泥细砂加建筑胶水批砂罩面，面层用户自定，用于厨房、厕所，杂物间。
3）踢脚板：1：2水泥砂浆20mm厚150mm通长（暗踢脚）。
4）室内墙柱和门窗洞阳角，一律做1：2水泥砂浆暗护角到顶。

3.装修完所有厕所及明台处标高均低于相应楼面标高20mm，并向地漏找坡0.5%。
4.所有房间，楼梯间均做150高踢脚脚，用料用户自定。
5.凡出挑部分雨蓬，挑檐，窗台，窗顶等均应做滴水线，以防雨水沿底板渗入。滴水槽应做方正，窗口的阳角应做样，要做到挺直。
6.油漆，涂料等颜色及配比均由施工单位先做样板，符合业主要求后方可大面积施工。

七.平板
现浇钢筋混凝土楼板，混凝土界面剂处理批嵌后10厚1：3水泥砂浆打底，7厚1：1：4混合砂浆粉面，满批白水泥加建筑胶水粉面批嵌二道。

八.保温坡屋顶做法
1.上人保温平屋面（露台）：做法见围护结构节能设计。
2.保温坡屋面：做法见围护结构节能设计。

九.门窗
1.门窗材料同围护结构用户自定义。
2.卫生间窗用磨砂玻璃。
3.底层外窗内侧应安装防盗栅栏，外窗护栏，大片玻璃，应注意安全，防盗安全。
4.落地外窗，玻璃外护门，外窗护栏用户自定，玻璃护栏做法同围，具体做法详见建筑施工图。

十.油漆
1.木门：油漆色料自定。
2.金属面：露明部分刷仿锈漆一度，调和漆二度，色料自定。露明不露明部分刷仿锈漆二度。
3.木料防腐：伸入墙内和墙体接触木料，满涂水柏油防腐。

十一.其它
1.露台屋面采用φ75UPVC雨水管。
2.水电专业预留孔洞钢筋不断施工时，各工种应密切配合，以免任意凿敲，管道安装后同号混凝土封口。电表箱水表箱采用水表型定型产品。

7.本工程中露台花饰栏杆及构件与主体结构的连接应与提供构件的生产厂家尽快确定铁脚预埋位置及深度以便土建预留洞尺寸。
8.屋顶上的太阳能热水器（成品）由用户自定，用户在选购产品时应与生产厂家落实太阳能热水器配合土建安装的各项技术措施。安装在屋面的位置应朝南向，应接近室内供水点，并考虑管道敷设方便，加防遮措施。
9.化粪池应按照有关部门有关的定型图纸套用，在建造时应注意对房屋基的影响，需要时应采取加固措施。如果采用改推荐的设备多多合并建造应另进行单体设计并推荐图中的设备可按需要先安装一个水斗和一个坐便器，其余便器，厕所间可按需时再安装。
10.厨房，厕所间的设备可按需时再安装，产品用户自定。
11.厨房燃气的使用应用不考虑管道燃气系统，如需使用应该按照《住宅设计规范》（DGJ 08－20－2007）中的相关规定执行采取安全措施。

十二.围护结构节能设计
1.本工程所处夏热冬冷地区，它的围护结构（外墙、屋面、楼板、外门窗）节能设计可参考《民用建筑热工设计规范》（GB 50176－93）、《夏热冬冷地区居住建筑节能设计标准》（JGJ 134－2001）的有关规定在建筑节能设计中详见建筑设计说明（二）。

图4.1.2　建筑设计说明（二）

序号	图号	图纸名称	图幅	备注
1	建施-01a	图纸目录　建筑设计说明(一)	A2	
2	建施-01b	建筑设计说明(二)	A2	
3	建施-02	总平面图	A2	
4	建施-03	一层平面图	A2	
5	建施-04	二层平面图	A2	
6	建施-05	屋面平面图	A2	
7	建施-06	南立面图	A2	
8	建施-07	北立面图	A2	
9	建施-08	东立面图	A2	
10	建施-09	西立面图	A2	
11	建施-10	1—1剖面图	A2	
12	建施-11	楼梯详图	A2	
13	建施-12	厨房、厕所详图	A2	
14	建施-13	墙身大样(一)	A2	
15	建施-14	墙身大样(二)	A2	
16	建施-15	门窗表　门窗详图	A2	

编制图纸目录的目的是为了便于查找所需要的图纸内容。施工图中往往以表格形式出现。图纸目录编写时应先列新绘制图纸,后列选用的标准图或重复利用图。

图4.1.3　图纸目录

房屋施工图应按专业排序,一般全套工程施工图的编排顺序一般应为:图纸目录、施工总说明、总平面图、建筑施工图、结构施工图、给水排水施工图、采暖通风施工图、电气施工图等。各类图纸应该按图纸内容的主次关系、逻辑关系等有序排列。

3. 建筑施工图的组成与排序

建筑专业施工图编排顺序一般为图纸目录、设计说明、总平面图、建筑平面图、建筑立面图、建筑剖面图、建筑详图。对于建筑设计专业还需有节能设计篇章,通常排列在设计说明之后。

第二步:对照目录,翻阅浏览整套图纸每张图纸右下角的标题栏及对应图纸的图名

主要是确认图纸目录信息与图纸内容的一致性,体会图纸目录的索引方便作用。即针对所查找的图纸名称看图纸目录表格中对应的图号,根据图号可通过翻阅图纸右下角的标题栏,查找出对应图纸。

第三步:仔细阅读建筑设计说明,了解工程概况,如建筑名称、建设地点、建设单位、建筑面积等,了解设计依据和施工要求等

建筑设计说明是建筑图纸的必要补充。主要包括以下内容:

(1)依据性文件名称和文号,如批文、本专业设计所执行的主要法规和所采用的主要标准(包括标准名称、编号、年号和版本号)及设计合同等。

(2)项目概况。内容一般应包括建筑名称、建设地点、建设单位、建筑面积、建筑基底面积、项目设计规模等级、设计使用年限、建筑层数和建筑高度、建筑防火分类和耐火等级、人防工程类别和防护等级，人防建筑面积、屋面防水等级、地下室防水等级、主要结构类型、抗震设防烈度等。

（3）设计标高。工程的相对标高与总图绝对标高的关系。

（4）用料说明和室内外装修。

1）墙体、墙身防潮层、地下室防水、屋面、外墙面、勒脚、散水、台阶、坡道、油漆、涂料等处的材料和做法，可用文字说明或部分文字说明，部分直接在图上引注或加注索引号，其中心包括节能材料的说明。

2）室内装修部分除用文字说明以外亦可用表格形式表达。

（5）幕墙工程（玻璃、金属、石材等）及特殊屋面工程（金属、玻璃、膜结构等）的性能及制作要求（节能、防火、安全、隔声构造等）。

（6）电梯（自动扶梯）选择及性能说明（功能、载重量、速度、停站数、提升高度等）。

（7）建筑防火设计说明。

（8）无障碍设计说明。

（9）建筑节能设计说明。

（10）根据工程需要采取的安全防范和防盗要求及具体措施，隔声减振减噪、防污染、防射线等的要求和措施。

（11）需要专业公司进行深化设计的部分，对分包单位明确设计要求，确定技术接口的深度。

（12）其他需要说明的问题。

 任务评价

评价等级	评价内容及标准
优秀（90～100分）	熟悉建筑图纸的分类及编排次序，熟悉建筑施工图的图纸内容及编排次序，能够熟练应用图纸目录迅速查找图纸，熟悉建筑设计说明，并能够语言流畅表述信息
良好（80～89分）	熟悉建筑图纸的分类及编制次序，熟悉建筑施工图的图纸内容及编排次序，能够应用图纸目录较快查找图纸，对建筑设计说明有一定了解，并能够语言描述相关信息
中等（70～79分）	掌握建筑图纸的分类及编制次序，掌握建筑施工图的图纸内容及编排次序，能够应用图纸目录查找图纸，对建筑设计说明有一定了解，并能够语言描述
及格（60～69分）	在他人指导下，掌握建筑图纸的分类及编排次序，掌握建筑施工图的图纸内容及编排次序，能够熟练应用目录迅速查找图纸，对建筑设计说明有一定了解，并能够语言描述

 课后讨论与练习

填空

1. 一套房屋施工图按其用途的不同可分为_____施工图、_____施工图和设备施工图，_____其中设备施工图包括_____施工图、_____施工图、_____施工图。

2. 建筑专业施工图编排顺序一般为：_____、_____、_____、_____、_____、_____、_____。

知识与技能链接

1. 建筑的基本构造组成

房屋按使用功能可以分为：

（1）民用建筑：如住宅、宿舍等，称为居住建筑；如学校、医院、车站、旅馆、剧院等，称为公共建筑。

（2）工业建筑：如厂房、仓库、动力站等。

（3）农业建筑：如粮仓、饲养场、拖拉机站等。

各种不同功能的房屋，一般都是由基础、墙、柱、梁、楼板层、地面、楼梯、屋顶、门、窗等基本部分所组成；此外，还有阳台、雨篷、台阶、窗台、雨水管、明沟或散水、遮阳、太阳能装置以及其他的一些构配件。图 4.1.4 为一幢小型住宅建筑组成与构造示意图，图中指出了各组成部分的名称。

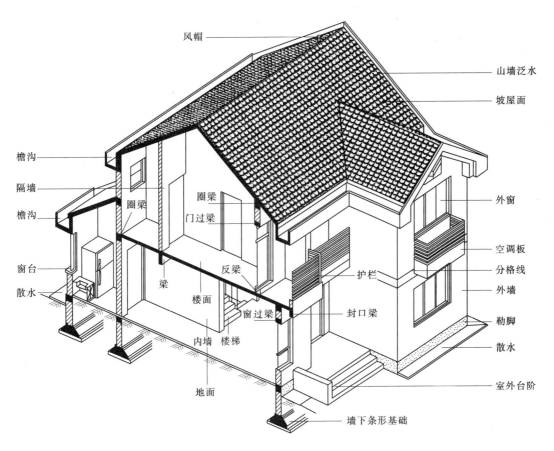

图 4.1.4　建筑组成与构造示意图

2. 建筑设计的阶段过程和深度要求

一建筑从项目确立到建成使用要经历许多阶段才能完成，一般包含如图 4.1.5 所示七

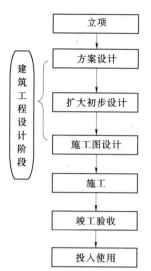

图 4.1.5　建筑过程

个阶段。

建筑工程设计一般应分为方案设计、扩大初步设计和施工图设计三个阶段。对于技术要求简单的建筑工程，经有关主管部门同意，并且合同中有不做初步设计的约定，可在方案设计审批后直接进入施工图设计，即方案设计、施工图设计两个阶段。

作为建筑方案设计图纸，除了应有基本的建筑平面图、建筑立面图、建筑剖面图之外，还应包括建筑效果图、建筑总平面的流线分析图等。

3. 现行国家建筑制图标准有关文件

掌握现行建筑制图标准内容并能规范制图是建筑设计人员的基本业务能力要求。

现行国家建筑制图标准有关文件有：《房屋建筑制图统一标准》（GB/T 50001—2010）、《总图制图标准规范》（GB/T 50103—2010）、《建筑制图标准》（GB/T 50104—2010）、《建筑结构制图标准》（GB/T 50105—2010）。

与建筑相关的设备工程专业制图标准有：《建筑给水排水制图标准》（GB/T 50106—2010）、《暖通空调制图标准》（GB/T 50114—2010）、《建筑电气制图标准》（GB/T 50786—2012）。

学习现行建筑制图标准有助于顺利规范地完成建筑设计工作，学习设备工程制图标准有助于不同专业相互沟通，协调完成建筑工程设计相关事宜。

任务二　总平面图的识读

任务目标

（1）了解建筑总平面图的形成方法和用途。

（2）了解总图图例的含义。

（3）掌握总平面图的图示方法和识读方法。

任务内容和要求

识读如图 4.2.1 所示的建筑总平面图。

要求按以下顺序语言描述：

（1）新建建筑物所处位置、平面轮廓形状、层数、主入口、建筑名称。

（2）新建建筑与已建、拟建建筑之间的相对位位置关系。

（3）新建建筑周围的道路、绿化情况。

（4）新建建筑的高程情况。

（5）新建建筑与用地红线的关系，并说出相关经济技术指标。

（6）新建建筑所处地理位置的风向。

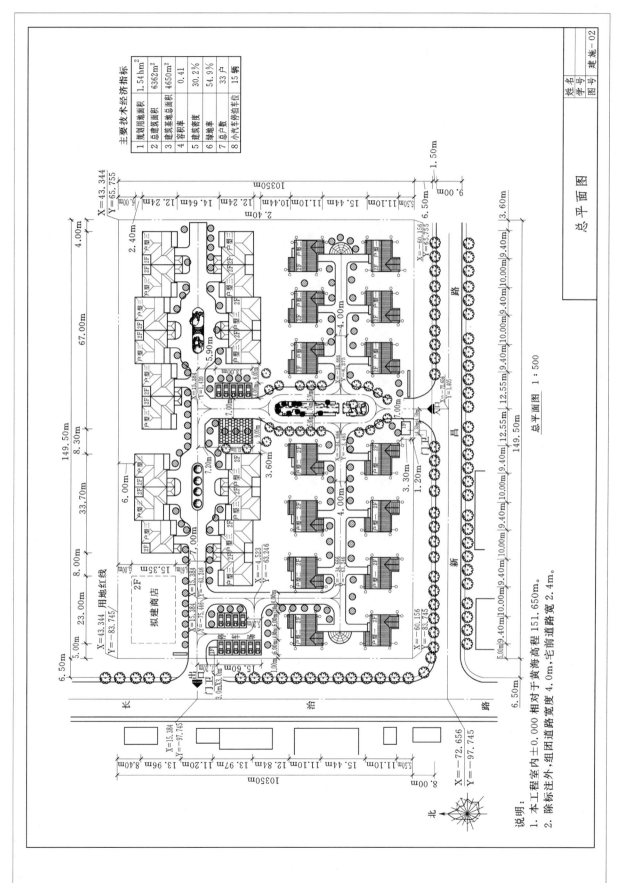

图 4.2.1 建筑总平面图

项目四 建筑施工图的识读与手工绘制

第一步：看图名，了解建筑总平面图的图示内容及作用

建筑总平面图是新建房屋在基地范围内的总体布置图。表明新建房屋的平面轮廓形状、层数、与原建筑物的相对位置、周围环境、地形地貌、道路和绿化情况。

是新建房屋及其他设施的施工定位、土方施工以及水、电、暖、煤气管道等总平面图的设计依据。也是评价建筑合理性程度的重要依据之一。

通常将总平面图放在整套施工图的首页。

建筑总平面图，是说明建筑物所在地理位置和周围环境的平面图，是用水平投影法和相应的图例，在画有等高线或坐标方格网的地形图上，画出新建、拟建、原有和要拆除的建筑物、构筑物的图样。建筑总平面图是新建房屋定位、施工放线、布置施工现场的依据。值得注意的是根据《房屋建筑制图统一标准》（GB/T 50001—2010）中 10.2.4 条规定：总平面图应反映建筑物在室外地坪上的墙基外包线，不应画屋顶平面投影图。

第二步：熟悉总平面图的图示方法

总平面图是用正投影的原理绘制的，一般采用 1∶500、1∶1000、1∶2000 的比例。

1. 总平面图图例

总平面图主要用图例的形式来表明新建、原有、拟建的建筑物，附近的地物环境、交通和绿化布置等。因此，掌握总平面图图例是正确识读总图、正确绘制总图的重要前提，对初学者来说需要引起足够的重视。总图中常用的图例见表 4.2.1。若总图的图例在《总图制图标准》（GB/T 50103—2010）中不够使用，可在总图中另行使用图例，但需说明图例代表的名称。

表 4.2.1 　　　　　　　　　**总平面图常用图例**

名称	图例	备注
新建建筑物	$X=$ ／ $Y=$ ① 12F/2D $H=59.00m$	新建建筑物以粗实线表示与室外地坪相接处±0.00外墙定位轮廓线。 建筑物一般以±0.00高度处的外墙定位轴线交叉点坐标定位。轴线用细实线表示，并标明轴线号。 根据不同设计阶段标注建筑编号，地上、地下层数，建筑高度，建筑出入口位置（两种表示方法均可，但同一图纸采用一种表示方法）。 地下建筑物以粗虚线表示其轮廓。 建筑上部（±0.00以上）外挑建筑用细实线表示。 建筑物上部连廊用细虚线表示并标注位置
原有建筑物		用细实线表示

名称	图　例	备　　注
计划扩建的预留或建筑物		用中粗虚线表示
水池、坑槽	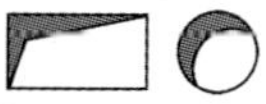	也可以不涂黑
围墙及大门		—
挡土墙	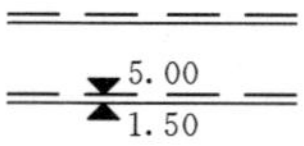 ▽5.00 1.50	挡土墙根据不同设计阶段的需要标注 墙顶标高 墙底标高
挡土墙上设围墙		—
台阶及无障碍坡道	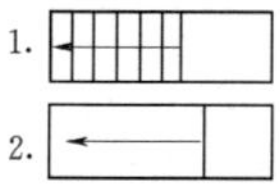 1. 2.	1. 表示台阶（级数仅为示意）。 2. 表示无障碍坡道
坐标	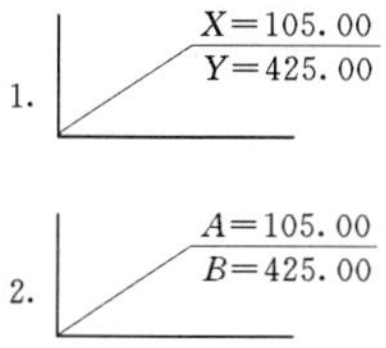 1. X=105.00 Y=425.00 2. A=105.00 B=425.00	1. 表示地形测量坐标系。 2. 表示自设坐标系。 坐标数字平行于建筑标注
方格网交叉点标高	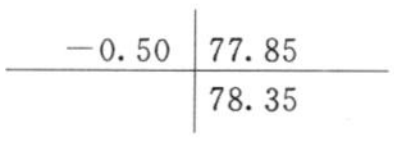 −0.50 | 77.85 / 78.35	"78.35"为原地面标高。 "77.85"为设计标高。 "−0.5"为施工高度。 "−"表示挖方（"+"表示填方）
填挖边坡	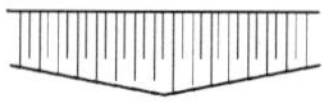	—
分水脊线与谷线	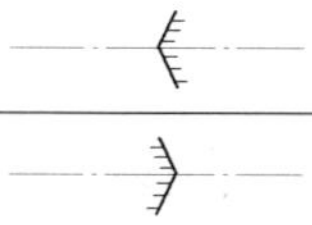	上图表示脊线。 下图表示谷线
地表排水方向		—
排水明沟	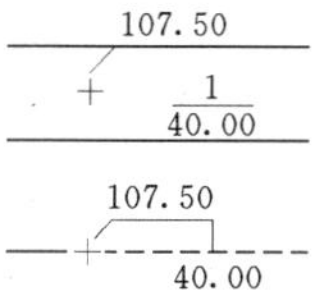 107.50 + 1/40.00 107.50 + 1/40.00	上图用于比例较大的图面，下图用于比例较小的图面。 "1"表示1‰的沟底纵向坡度，"40.00"表示变坡点间距离，箭头表示水流方向。"107.50"表示沟底变坡点标高（变坡点以"+"表示）
有盖板的排水沟	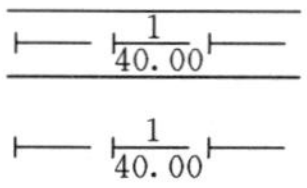 1/40.00 1/40.00	
雨水口	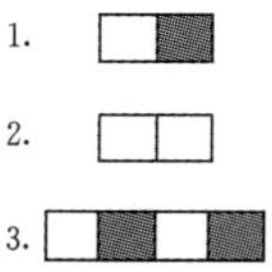 1. 2. 3.	1. 雨水口。 2. 原有雨水口。 3. 双落式雨水口
消火栓井		—

名　称	图　例	备　注
室内地坪标高	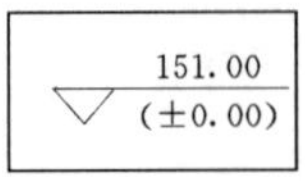 $\underline{\nabla}$ 151.00 （±0.00）	数字平行于建筑物书写
室外地坪标高	 ▼ 143.00	室外标高也可采用等高线
地下车库入口	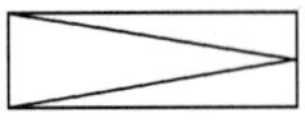	机动车停车场
地面露天停车场		—
新建的道路	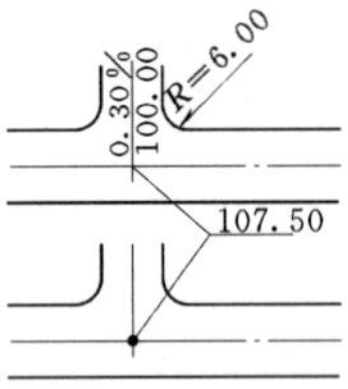 $R=6.00$　0.30%　100.00 107.50	"R=6.00"表示道路转弯半径；"107.50"为道路中心线交叉点设计标高，两种表示方式均可，同一图纸采用一种方式表示；"100.00"为变坡点之间距离，"0.30%"表示道路坡度，→表示坡向
原有道路	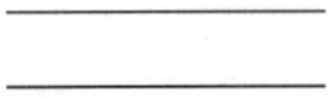	—
计划扩建的道路	 - - - - -	—
拆除的道路	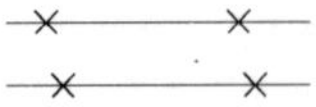 ×　　×　　×	—
桥梁	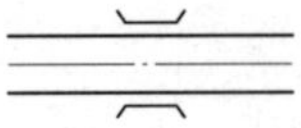 	用于旱桥时应注明。 上图为公路桥，下图为铁路桥
草坪	1. 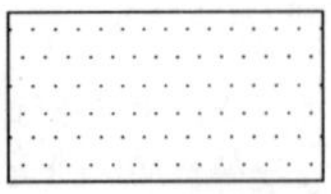 2. 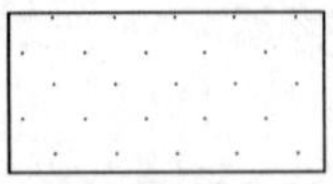 3. 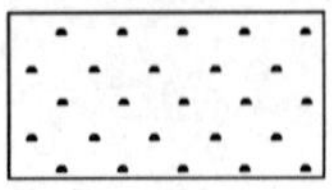	1. 草坪。 2. 表示自然草坪。 3. 表示人工草坪
常绿针叶乔木	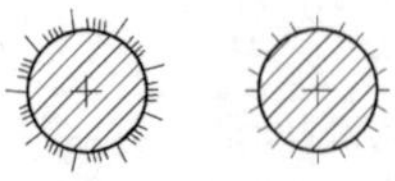	
落叶针叶乔木	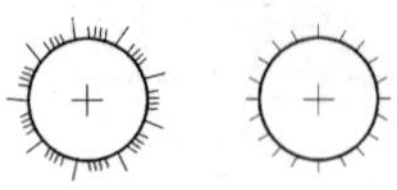	—

名　称	图　例	备　注
落叶阔叶乔木林		—
常绿阔叶乔木林		—
人工水体		—

总平面图中的坐标、标高、距离以米为单位。坐标以小数点后三位标注，不足以"0"补齐；标高、距离以小数点后两位数标注，不足以"0"补齐。道路纵坡度、场地平整坡度、排水沟沟底纵坡度宜以百分计，并应取小数点后一位，不足时以"0"补齐。

总图上的建筑物、构筑物应注写名称，名称宜直接标注在图上。当图样比例小或图面无足够位置时，也可编号列表标注在图内。当图形过小时，可标注在图形外侧附近处。此外，须标明建筑的层数。

2. 风向玫瑰图

总平面图中常用风向玫瑰图表明新建建筑所处区域的方位及风向，用标高符号表明新建建筑的高程等。一般来说总平面图应按上北下南方向绘制。根据场地形状或布局，可向左或右偏转，但不宜超过45°。

图 4.2.2　风玫瑰图

如图 4.2.2 所示为某地区风玫瑰图。"风玫瑰"也叫风向频率玫瑰图，它是根据某一地区多年平均统计的各个方风向和风速的百分数值，并按一定比例绘制，一般多用八个或十六个罗盘方位表示，风玫瑰图上所表示风的吹向（即风的来向），是指从外面吹向地区中心的方向。实线表示全年的风向频率，虚线表示 6、7、8 三个月（夏季）统计的风向频率。在风玫瑰图中，频率最高的方位，表示该风向出现次数最多，如图 4.2.2 所示。风玫瑰图一般在总平面图上表示，是建筑所在地区的气候基本条件之一。在进行平面布局设计等工作时，可以根据风玫瑰图判断常年主要风向作为设计依据。

3. 标高符号

标高是标注建筑物高度的另一种尺寸形式。

标高符号应以直角等腰三角形表示，通常按图 4.2.3（a）所示形式用细实线绘制，如标注位置不够，也可按图 4.2.3（b）所示形式绘制。标高绘制的高度 h 和 l 如图 4.2.3（c）和（d）所示。对于总平面图中的室外地坪标高符号，宜用涂黑的三角形表示，如图 4.2.3（e）。

标高符号的尖端应指至被注高度的位置。尖端宜向下，也可向上。标高数字应注写在

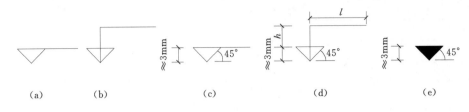

(a)　　　　(b)　　　　　(c)　　　　　　(d)　　　　　　(e)

图 4.2.3　标高符号

标高符号的上侧或下侧。标高数字应以米为单位，注写到小数点以后第三位。按图 4.2.4 （a）的形式注写。在总平面图中，可注写到小数字点以后第二位。零点标高应注写成 ±0.000，正数标高不注"＋"，负数标高应注"－"，例如 3.000、－0.600。在图样的同一位置需表示几个不同标高时，标高数字可按图 4.2.4（b）的形式注写。

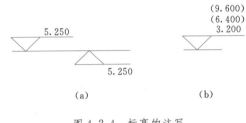

(a)　　　　　　　　(b)

图 4.2.4　标高的注写

标高分"绝对标高"和"相对标高"。我国规定以青岛附近黄海的平均海平面作为标高的零点，称为"绝对标高"。"相对标高"是把建筑首层室内地坪面定为相对标高的零点，以此标注建筑物各部分的高度。在建筑设计说明和总平面途中应特别说明本工程 ±0.000 标高相当于黄海高程的高差，例如："本工程 ±0.000m 相对于绝对标高为 36.55m"。即 ±0.000 是相对于工程项目的相对标高，它对应黄海平均海平面高 36.55m。

建筑标高和结构标高也是容易混淆的两个概念，直接影响标注的准确性。建筑标高是指是建筑完成面的标高。结构标高是结构构件标高，如结构板顶（底）、结构梁顶（底）、柱顶等处标高，是建筑完成面的标高减去建筑面层的厚度后的标高。如图 4.2.5 所示。

建筑物应以接近地面处的 ±0.000 标高的平面作为总平面。总图中标注的标高应为绝对标高，当标注采用相对标高，则应注明相对标高与绝对标高的换算关系。建筑物、构筑物、道路、水池等应按下列规定标注有关部位的标高。

（1）建筑物标注室内 ±0.000 处的绝对标高在一栋建筑物内宜标注一个 ±0.000 标高，当有不同地坪标高，以相对 ±0.000 的数值标注（建筑物的 ±0.000 标高在一栋建筑物内不宜标注多个，标注以 0.000 相对数值标注比较准确）。

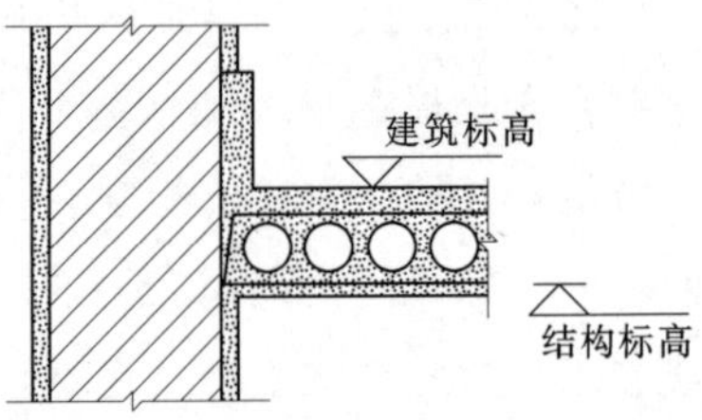

图 4.2.5　建筑标高和结构标高

（2）建筑物室外散水，标注建筑物四周转角或两对角的散水坡脚处标高。

（3）构筑物标注其有代表性的标高，并用文字注明标高所指的位置。

（4）道路标注路面中心线交点及变坡点标高。

（5）挡土墙标注墙顶和墙趾标高，路堤、边坡标注坡顶和坡脚标高，排水沟标注沟顶和沟底标高。

（6）场地平整标注其控制位置标高，铺砌场地标注其铺砌面标高。

第三步：按照任务要求依次了解如下内容

（1）新建建筑物所处位置、平面轮廓形状、层数、主入口、建筑名称。

（2）新建建筑与已建、拟建建筑之间的相对位置关系。

（3）新建建筑周围的道路、绿化情况。

（4）新建建筑的高程情况。

（5）新建建筑与用地红线的关系，相关经济技术指标。

（6）新建建筑所处地理位置的风向。

 任务评价

1. 任务完成

任务信息参考如下：

（1）小区的风向、方位和范围。

图的左下角画出了该地区的风玫瑰图，按风玫瑰图中所指的方向可知道小区的常年和夏季的风向频率，也可以知道这个小区是位于长治路的东边，新昌路北，用地红线拐点坐标指明了地块的具体位置和范围大小。

（2）新建房屋的平面轮廓形状、大小、朝向、层数、位置和室内外地面标高。

该小区由 33 户低层住宅和少量辅助用房构成，各个住宅均绘制了外轮廓线，由纵横向尺寸可知每栋住宅的轴线定型尺寸和定位尺寸，这是建筑施工定位的重要基础数据。由风玫瑰的指向可知住宅的朝向。小区共用三种户型住宅（户型一、户型二、户型三），2F 代表建筑的层数为 2 层。表明住宅的户型名称可方便找到具体施工图。在左下角说明中指出住宅±0.000 为黄海高程 151.650，每栋住宅的室内外高程可由现场确定。

（3）新建房屋周围的环境以及附近的建筑物、道路、绿化等布置。

在该地块中主要有新建住宅和拟建商场和小区门卫等建筑组成，在新建住宅的四周，都有道路、停车场、草地和常绿阔叶灌木的绿化；道路的定位坐标决定了道路的具体位置，道路宽度可从尺寸标注得知，也可从说明得知。

（4）建筑主要经济技术指标。

在总平面图中用表格的形式说明建筑主要经济技术指标：

规划居住用地面积、总建筑面积、建筑容积率、绿化率、建筑密度、总户数。

这些经济技术指标在总平面图中需要标明，这是施工图报审时必要数据资料。

2. 任务评分

评价等级	评价内容及标准
优秀（90～100 分）	熟悉总平面图图例含义、图示方法，熟练识读并用语言准确描述任务中的总平面图信息，并可以指导他人读图
良好（80～89 分）	熟悉总平面图图例含义、图示方法，掌握识读总平面图方法，并用语言较准确描述任务中的总平面图信息
中等（70～79 分）	掌握总平面图图例含义、图示方法，基本掌握识读总平面图方法并能够用语言较准确描述任务中的总平面图信息
及格（60～69 分）	基本掌握总平面图图例含义、图示方法，在他人指导提醒下基本掌握识读总平面图方法并可以描述任务中的总平面图信息

课后讨论与练习

一、填空

1. 标高用于表示某一位置的高度，单位为_____。分为绝对标高和_____两种。

2. 如果总平面图中的室外整平标高为39m，试用标高正确绘制表达为_____。

3. 指北针的圆用细线绘制，直径为_____mm。

二、单项选择题

1. 绝对标高是指（　　）。

 A. 房屋的绝对高度

 B. 房屋的实际高度

 C. 以青岛黄海海平面的平均高度为零点的高度

 D. 东海海平面的平均高度为零点高度

2. 标高符号为（　　）。

 A. 等腰三角形　　　　B. 等边三角形　　　　C. 等腰直角三角形　　　　D. 锐角三角形

3. 建筑总平面图中，用（　　）绘制新建房屋。

 A. 粗实线　　　　　　B. 中实线　　　　　　C. 细实线　　　　　　D. 建筑红线

三、从右侧图4.2.6所示上海的风向玫瑰图，试了解上海风向情况。

四、课后查找资料，回答下列问题：

1. 什么是场地的容积率，如何计算？

2. 什么是场地的建筑密度，如何计算？

3. 场地的绿化率如何计算，规范有何规定？

4. 建筑控制七线是指哪几条，代表什么含义？

5. 简述建筑耐火等级和建筑防火间距的定义。总平面图中如何看出建筑间距满足防火要求？

6. 简述日照间距的定义。在场地环境简单的总平面中如何看出建筑间距满足日照要求？

7. 现行规范中场地机动车出入口位置、数量应符合哪些规定？

8. 建筑基地内道路宽度及设计要求是什么？

9. 场地道路内缘最小转弯半径有何规定？

10. 住宅及其他建筑物至道路边缘最小距离有何规定？

图4.2.6　上海
风向玫瑰图

 知识与技能链接

1. 建筑总平面图的图示内容

（1）保留的地形和地物。

（2）测量坐标网、坐标值。

（3）场地四界的测量坐标（或定位尺寸），道路红线和建筑红线或用地界线的位置。

（4）场地四邻原有及规划道路的位置（主要坐标值或定位尺寸），以及主要建筑物和构筑物的位置、名称、层数。

（5）建筑物、构筑物（人防工程、地下车库、油库、贮水池等隐蔽工程以虚线表示）

的名称或编号、层数、定位（坐标或相互关系尺寸）。

（6）广场、停车场、运动场地、道路、无障碍设施、排水沟、挡土墙。护坡的定位（坐标或相互关系）尺寸。

（7）指北针或风玫瑰图。

（8）建筑物、构筑物使用编号时，应列出"建筑物和构筑物名称编号表"。

（9）注明施工图设计的依据、尺寸单位、比例、坐标及高程系统（如为场地建筑坐标网时，应注明与测量坐标网的相互关系）、补充图例等。

2. 总平面图的比例

如表4.2.2所示。不同情况下的总平面图比例不同。

表4.2.2

图 名	比 例
现状图	1：500、1：1000、1：2000
地理交通位置图	1：25000～1：200000
总体规划、总体布置、区域位置图	1：2000、1：5000、1：10000、1：25000、1：50000
总平面图、竖向布置图、管线综合图、土方图、铁路、道路平面图	1：300、1：500、1：1000、1：2000
场地园林景观总平面图、场地园林景观竖向布置图、种植总平面图	1：300、1：500、1：1000
场地断面图	1：100、1：200、1：500、1：1000
详图	1：100、1：2、1：5、1：10、1：20、1：50、1：100、1：200

建筑施工图中总平面图常用比例为1：500、1：1000、1：2000。

3. 坐标标注

坐标网格应以细实线表示。测量坐标网应画成交叉十字线，坐标代号宜用"X、Y"表示；建筑坐标网应画成网格通线，自设坐标代号宜用"A、B"表示（图4.2.7）。坐标值为负数时，应注"一"号，为正数时，"十"号可以省略。在一张图上，主要建筑物、构筑物用坐标定位时，根据工程具体情况也可用相对尺寸定位。

建筑物、构筑物、道路、管线等应标注下列部位的坐标或定位尺寸：

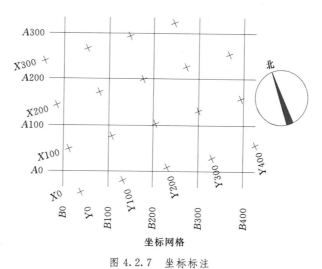

图 4.2.7 坐标标注

注：图中 X 为南北方向轴线，X 的增量在 X 周线上；
Y 为东西方向轴线，Y 的增量在 Y 轴线上。
A 轴相当于测量坐标网中的 X 轴，B 轴
相当于测量坐标网中的 Y 轴。

（1）建筑物、构筑物的外墙轴线交点。

（2）圆形建筑物、构筑物的中心。

（3）管线（包括管沟、管架或管桥）的中线交叉点和转折点。

4. 总平面图中的三个红线概念及关系

如图4.2.8所示。

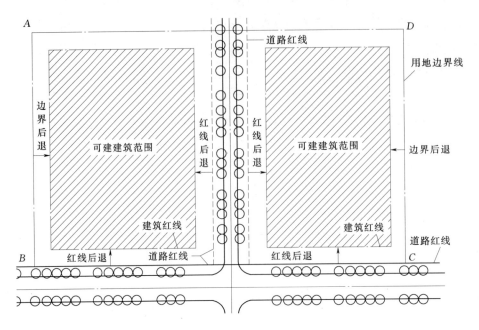

图 4.2.8　总平面图中三条红线之间的关系

（1）用地红线——各类建筑工程项目用地的使用权属范围的边界线。也成为地产线、征地线。

（2）建筑红线——building line，又称为建筑控制线，有关法规或详细规划确定的建筑物、构筑物的基底位置不得超出的界线。即可建造建筑物的范围。由于城市规划要求，在用地红线内需要道路红线后退一定距离确定建筑控制线，叫做红线后退。

（3）道路红线——规划的城市道路（含居住区级道路）用地的边界线。

注意：

（1）基地内如有上述不同的三条线，那么由道路中心至基地的顺序基本上为：道路红线、用地红线、建筑红线。

（2）基地应与道路红线相邻接。也就是说，基地某一边的某一部分一定有道路红线。

（3）道路红线与用地红线常有可能重合，也可能是不同的规划边线。这两条线之间的用地由城市规划部门确定，它属城市用地，建设单位不得占用。建筑的任何突出物均不得突出用地红线。

（4）各地城市规划行政主管部门常在用地红线范围之内另行划定建筑红线（建筑控制线），以控制建筑物的基底不超出建筑控制线（请大家注意：这里指的是"基底"二字）。两条线之间可以作为地面停车、绿化等功能使用。地下建筑可以越过建筑红线，但万万不能超出用地红线。

任务三　建筑平面图的识读与绘制

任务目标

（1）了解建筑平面图的形成、作用和命名方法。

（2）了解建筑平面图的图示内容及深度要求。

（3）掌握建筑平面图的图示方法。

（4）掌握建筑平面图的绘制步骤和方法。

 任务内容和要求

1. 抄绘表 4.3.1 建筑构配件中楼梯和门窗图例

任务要求：

（1）图纸：A3 号图幅。

（2）比例：自定。

（3）图线：用铅笔绘制图线，图线粗细合理、表达分明。

（4）字体：汉字用长仿宋字体。文字高度 3.5～7.0mm。

（5）图线流畅，字体端正，图面整洁。

2. 识读建筑平面图，并抄绘图 4.3.24 一层平面图，掌握建筑建筑平面图的绘制步骤和图示方法

任务要求：

（1）图纸：A3 号图幅。

（2）比例：1∶100。

（3）图线：用铅笔绘制图线，图线粗细合理、表达分明。

（4）字体：汉字用长仿宋字体，文字高度 3.5～7.0mm。

（5）图线流畅，字体端正，图面整洁。

（6）制图严谨，满足设计深度要求。

 任务实施

第一步：看图名，了解该平面图表达的信息在建筑中的位置

如图 4.3.1 所示，建筑平面图是用一个假想剖切面在窗台之上水平剖开整幢房屋（可假设在本层距离楼地面 1.0～1.2m 之间），移去处于剖切平面上方的房屋，将留下的部分按俯视方向在水平投影面上作正投影所得到的图样。屋面平面图则是房屋顶部按俯视方向在水平投影面上所得到的正投影。

建筑平面图反映房屋的平面形状，大小和房间的布置，墙或柱、门窗等构配件的位置、尺寸、材料、做法，内外交通联系的类型和位置等情况。

1. 建筑平面的命名

（1）各层平面图。通常建筑平面图通常以层次来命名，如地下室平面图、底层平面图、二层平面图、三层平面图……顶层平面图等。

（2）标准层平面图。若有两层或更多层的平面布置相同，这些层可共用一个建筑平面图，称为 X—X 层平面图或标准层平面图。从室内建筑标高标注上可以看出共用层数。

若两层或几层的平面布置只有少量局部不同，也可以合用一个平面图，但需另绘不同处的局部平面图作为补充。

（3）分层对称平面图。若一幢房屋的建筑平面图左右对称，则习惯上将两层平面图合

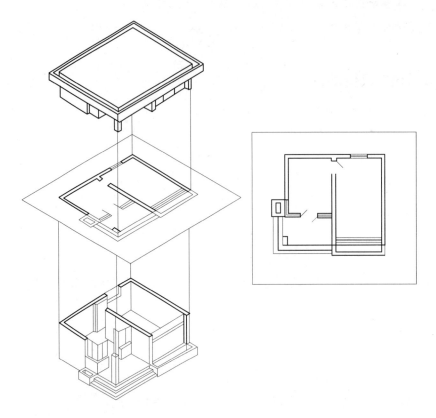

图 4.3.1　建筑平面图

并画在一个图上，左边画一层的一半，右边画另一层的一半，中间用对称线分界，在对称线两端画上对称符号，并在图的下方分别注明它们的图名。此类命名方法在古建筑平面图中经常被使用到，如图 4.3.2 所示。

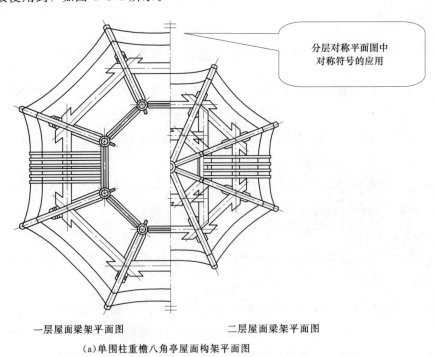

分层对称平面图中
对称符号的应用

一层屋面梁架平面图　　　　　　　二层屋面梁架平面图

(a)单围柱重檐八角亭屋面构架平面图

图 4.3.2（一）　单围柱重檐八角亭图样

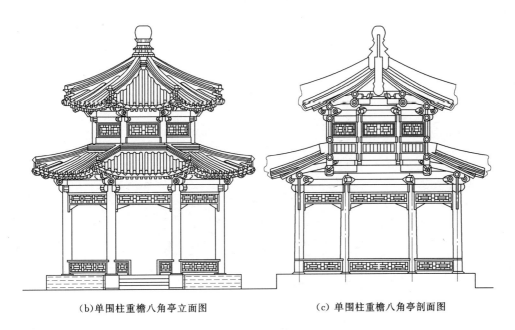

(b)单围柱重檐八角亭立面图   (c)单围柱重檐八角亭剖面图

图 4.3.2（二）　单围柱重檐八角亭图样

（4）屋顶平面图。屋顶平面图是房屋顶部按俯视方向在水平投影面上所得到的正投影，重点图示屋面构件或构筑物位置、屋面排水方式。如图 4.3.3 所示。

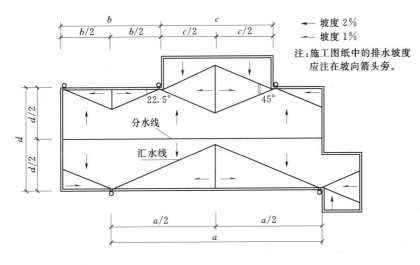

坡度 2%

坡度 1%

注:施工图纸中的排水坡度
应注在坡向箭头旁。

分水线

汇水线

图 4.3.3　屋顶平面图

（5）局部平面图。局部平面图可以用于表示两层或两层以上合用的平面图中的局部不同之处，也可以用来表示平面图中的某个局部，通常以较大的比例另行画出，以便能较为清晰地表示出室内固定设施的形状和标注定位，如楼梯详图中各层平面图、卫生间平面图、电梯间平面图、机房平面图等，如图 4.3.4 所示。

（6）示意平面图。如在大型建筑平面图中常需特别绘制防火分区示意图，用来说明建筑中各个防火分区的组织和联系，满足防火减灾的需要。又如对组合较复杂的大型建筑，在绘制平面图前，常采用轴线及分段示意平面图，对建筑平面分区分段示意，然后再分区段绘制区段建筑平面图，如图 4.3.5 所示。

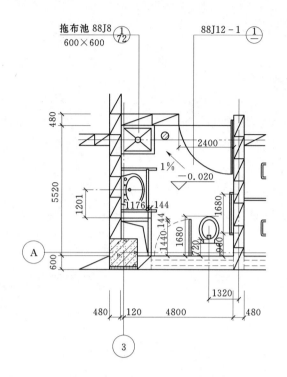

残疾人卫生间放大平面图

图 4.3.4 局部平面图图样

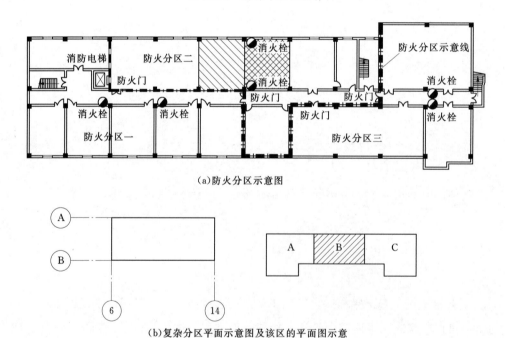

(a)防火分区示意图

(b)复杂分区平面示意图及该区的平面图示意

图 4.3.5 示意平面图图样

第二步：熟悉建筑平面图的图示方法

建筑平面图主要由建筑构配件图例、图线、定位轴线、相关符号、尺寸标注及文字等组成。

正确应用图线和图例是建筑设计人员的基本技能之一，因此对于初学者来说需要引起足够的重视。

常用的建筑平面图绘图比例为 1：100。在绘制建筑面积较大的工程图纸时可采用 1：150、1：200 的绘图比例，建筑面积较小时可采用 1：50。在一套工程图中，各层建筑平面图的绘图比例相同，局部平面图的绘图比例除外。局部平面图的绘图比例可以为 1：10、1：20、1：25、1：30、1：50 等。

1. 平面图的图例

建筑平面图由于比例小，各层平面图中的卫生间、楼梯间、门窗等投影难以详尽表示，便采用《建筑制图标准》（GB/T 50104—2010）规定的图例来表达，见表 4.3.1。而相应的详尽情况则另用较大比例的详图来表达。

其中，对于门的开启方向和形式应在平面图区别表示，或用门窗编号区别表示门的类型。如单扇平开门和单向弹簧门在平面图中图例表示形式相同，可用门窗编号加以区别（M12 代表 12 号单扇平开门，TM12 代表 12 号单向弹簧门），并应在门窗表备注中说明。

门窗编号方法：

（1）一般编号法：代号＋编号，如 M1 或 M-1，代表 1 号门，同理 C10 或 C-10 代表 10 窗。

（2）类型编号法：类型代号＋编号，如 FHM12 或 FHM-12 代表防火门 12；JLM2 或 JLM-2 代表卷帘门 2；GC14 或 GC-14 代表钢窗 14；MLC1 或 MLC-1 代表门连窗 1。

（3）宽高编号法：代号＋门窗宽高，如 M0922 代表宽高为 900×2200 的门；C1515 代表宽高为 1500×1500 的窗。

表 4.3.1　　　　　　　　　　　　建筑的构造和配件图例

名称	图　例	备　注
墙体		1. 上图为外墙，下图为内墙。 2. 外墙细线表示有保温层或有幕墙。 3. 应加注文字或涂色或图案填充表示各种材料的墙体。 4. 在各层平面图中防火墙宜着重以特殊图案填充表示
隔墙		1. 加注文字或涂色或图案填充表示各种材料的轻质隔断。 2. 适用于到顶与不到顶隔断
玻璃幕墙		幕墙龙骨是否表示由项目设计决定
栏杆		
楼梯		1. 上图为顶层楼梯平面，中图为中间层楼梯平面，下图为底层楼梯平面。 2. 需设置靠墙扶手或中间扶手时，应在图中表示

名　称	图　　例	备　注
坡道	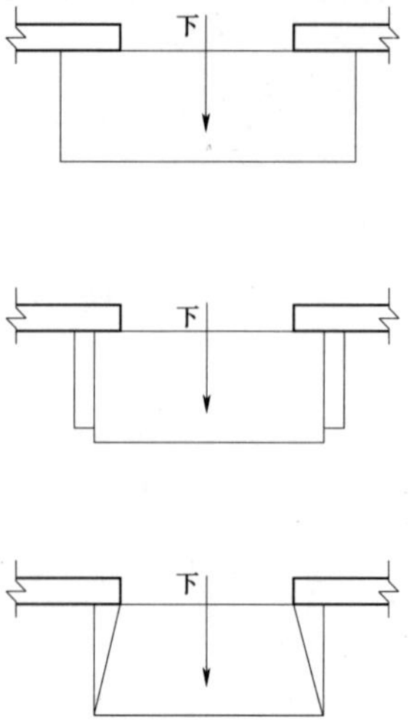	上图为两侧垂直的门口坡道，中图为有挡墙的门口坡道，下图为两侧找坡的门口坡道
	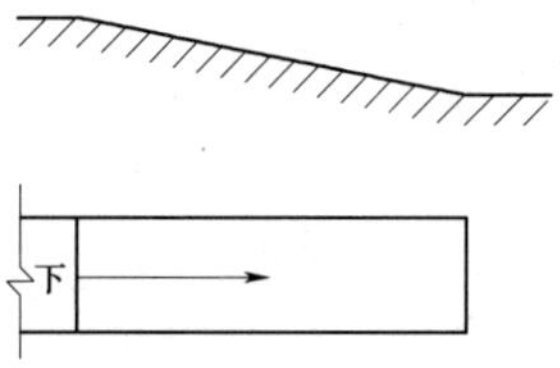	长坡道
台阶	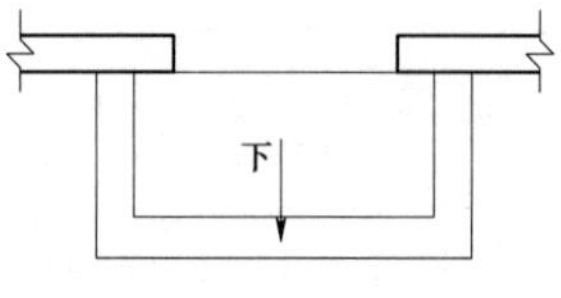	
平面高差	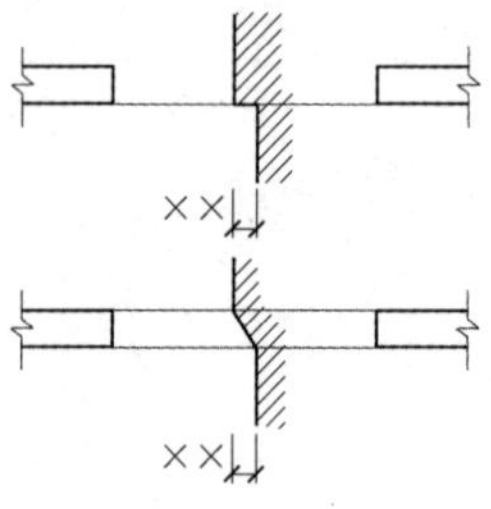 ××↘　　××↘	用于高差小的地面或楼面交接处，并应与门的开启方向协调
孔洞		阴影部分亦可填充灰度或涂色代替
坑槽	 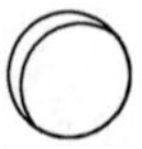	
检查口	 	左图为可见检查口，右图为不可见检查口

名称	图例	备注
墙预留洞、槽	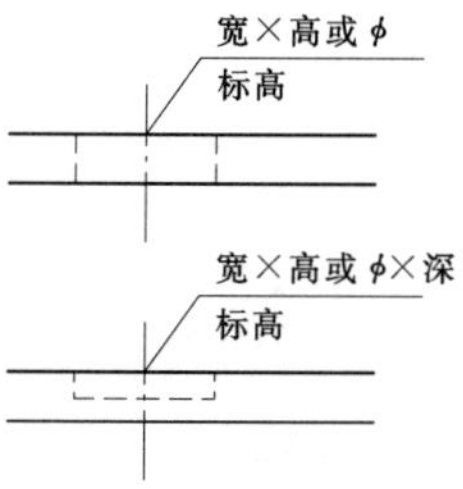 宽×高或 φ 标高 宽×高或 φ×深 标高	1. 上图为预留洞，下图为预留槽。 2. 平面以洞（槽）中心定位。 3. 标高以洞（槽）底或中心定位。 4. 宜以涂色区别墙体和预留洞（槽）
地沟	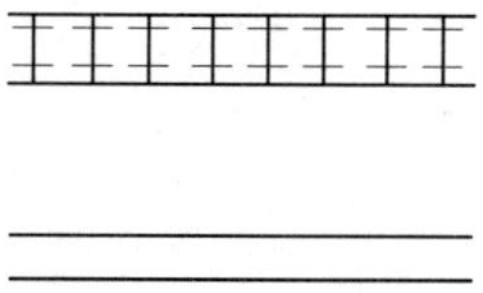	上图为活动盖板地沟，下图为无盖板明沟
烟道	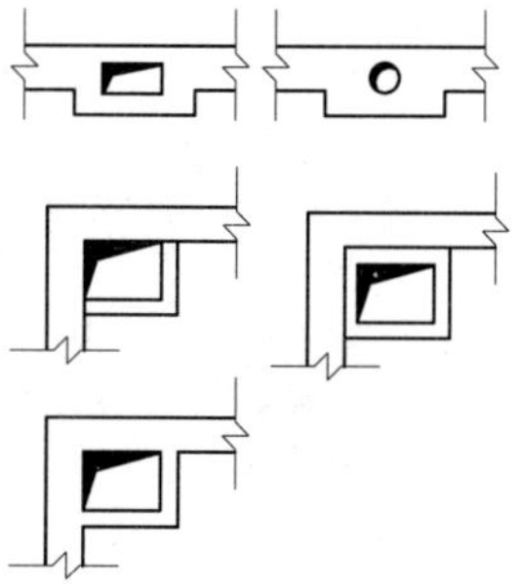	
风道	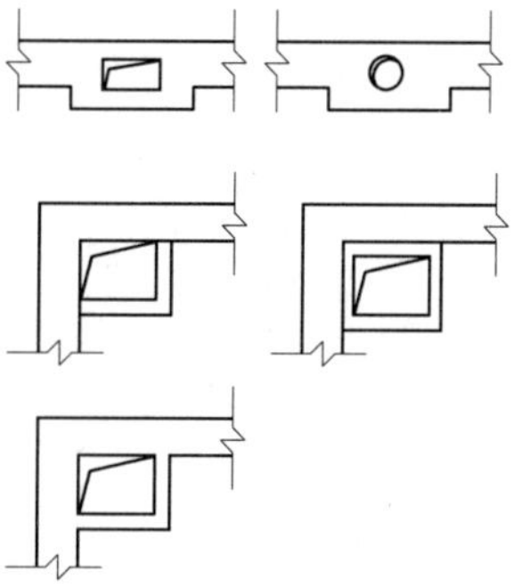	
新建墙和窗	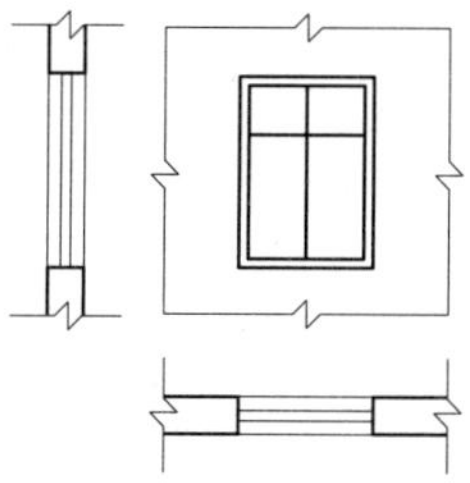	
空门洞	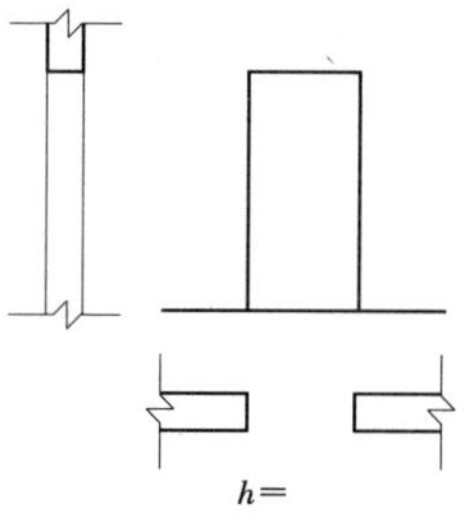 h=	h 为门洞高

名　称	图　　例	备　注
单扇平开或 单向弹簧门	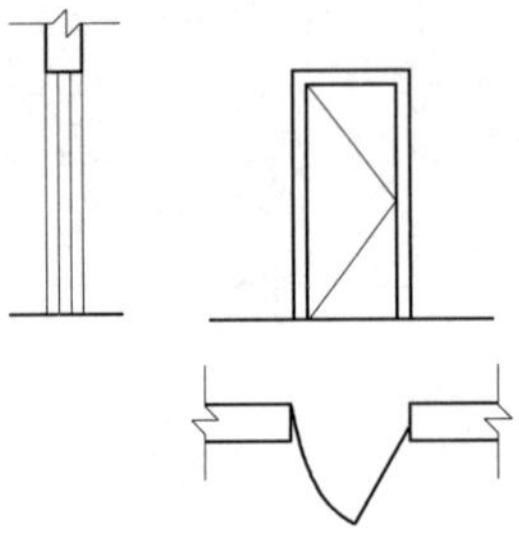	
单扇平开或 双向弹簧门	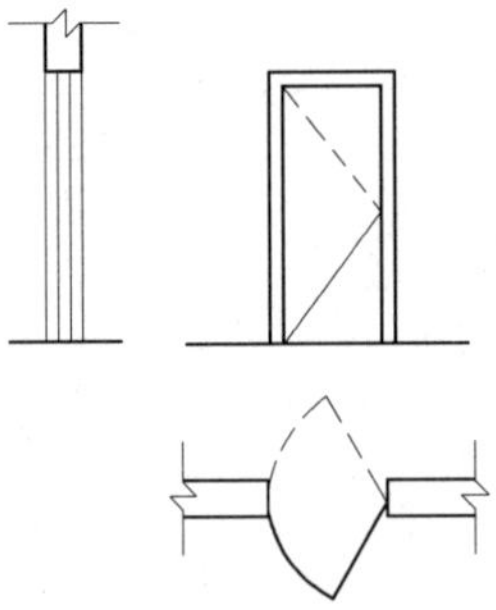	1. 门的名称代号用 M 表示。 2. 平面图中，下为外，上为内 门开启线为 90°、60°或 45°。 3. 立面图中，开启线实线为外开，虚线为内开。开启线交角的一侧为安装合页一侧。开启线在建筑立面图中可不表示，在立面大样图中可根据需要绘出。 4. 剖面图中，左为外，右为内。 5. 附加纱扇应以文字说明，在平、立、剖面图中均不表示。 6. 立面形式应按实际情况绘制
单面开启双扇门 （包括平开或 单面弹簧）	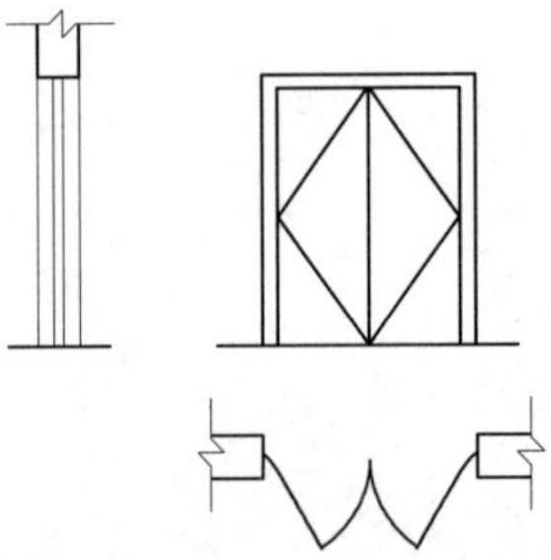	
双面开启双扇门 （包括平开或 双面弹簧）	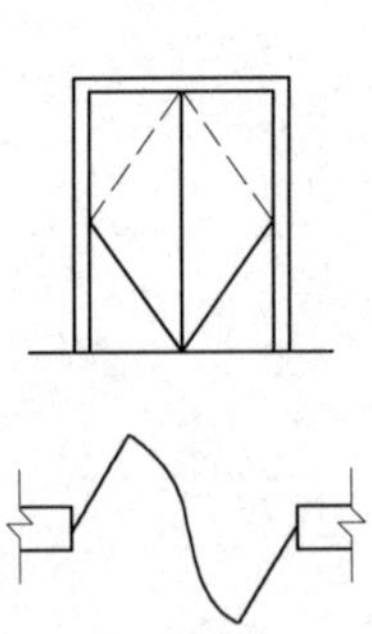	
折叠门	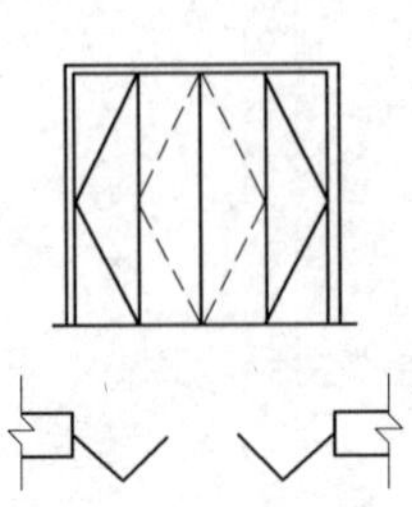	1. 门的名称代号用 M 表示。 2. 平面图中，下为外，上为内。 3. 立面图中，开启线实线为外开，虚线为内开。开启线交角的一侧为安装合页一侧。 4. 剖面图中，左为外，右为内。 5. 立面形式应按实际情况绘制

名　称	图　　例	备　注
墙中双扇推拉门	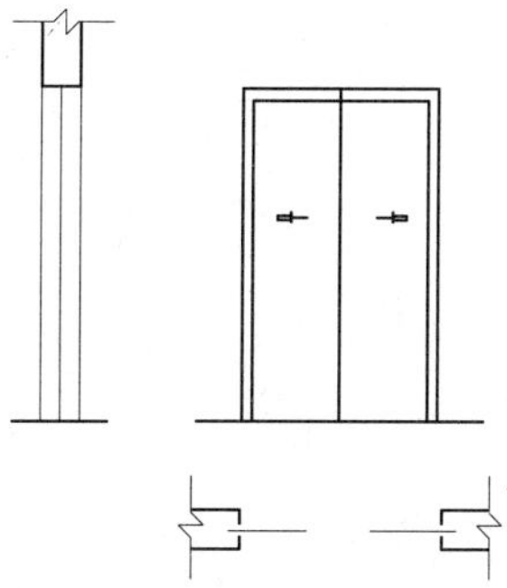	1. 门的名称代号用 M 表示。 2. 立面形式应按实际情况绘制
门连窗	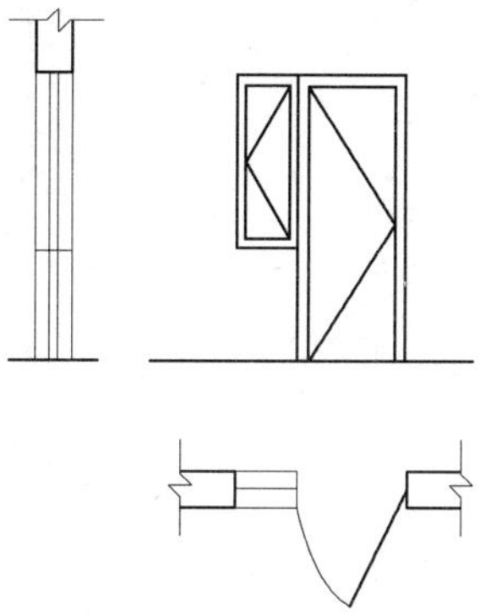	1. 门的名称代号用 M 表示。 2. 平面图中，下为外，上为内 门开启线为 90°、60°或 45°。 3. 立面图中，开启线实线为外开，虚线为内开。开启线交角的一侧为安装合页一侧。开启线在建筑立面图中可不表示，在室内设计立面大样图中可根据需要绘出。 4. 剖面图中，左为外，右为内。 5. 立面形式应按实际情况绘制
旋转门	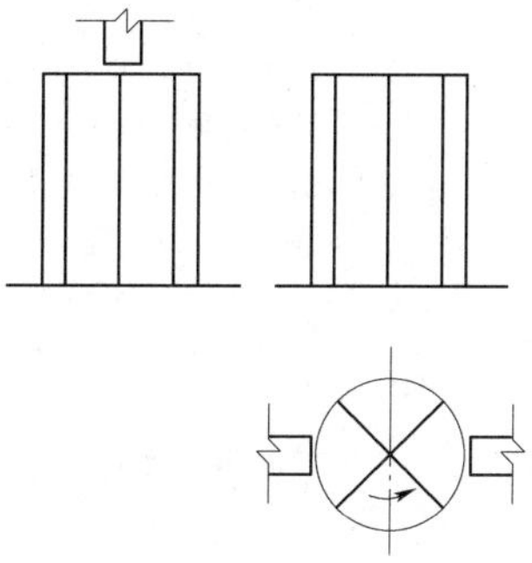	1. 门的名称代号用 M 表示。 2. 立面形式应按实际情况绘制
自动门	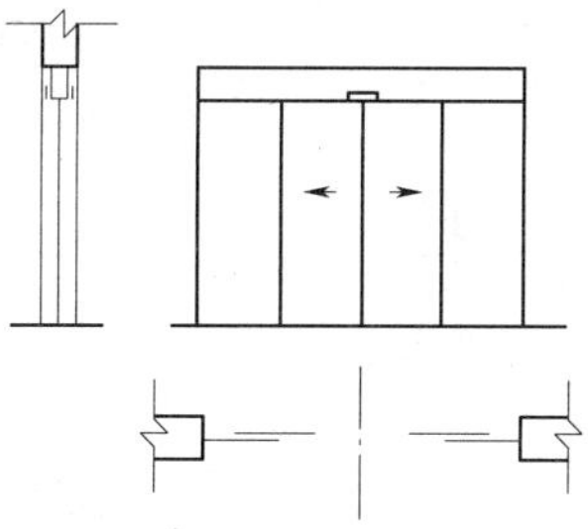	1. 门的名称代号用 M 表示。 2. 立面形式应按实际情况绘制
竖向卷帘门	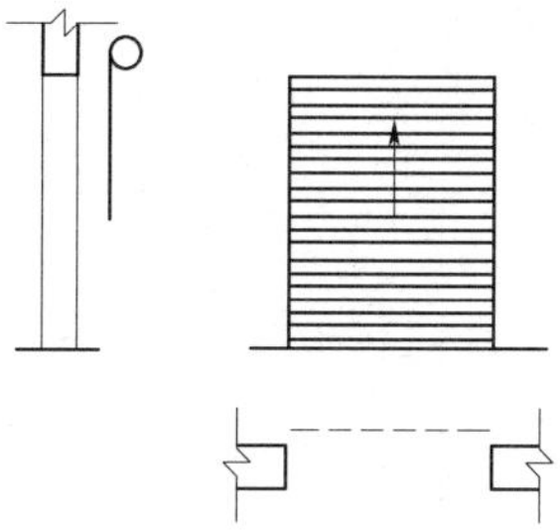	

名称	图 例	备 注
固定窗	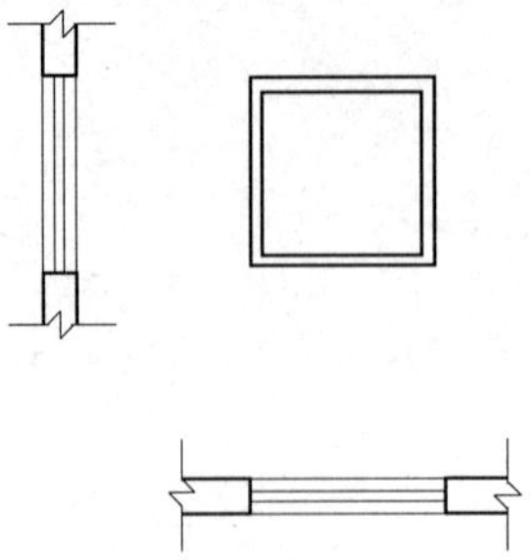	
上悬窗	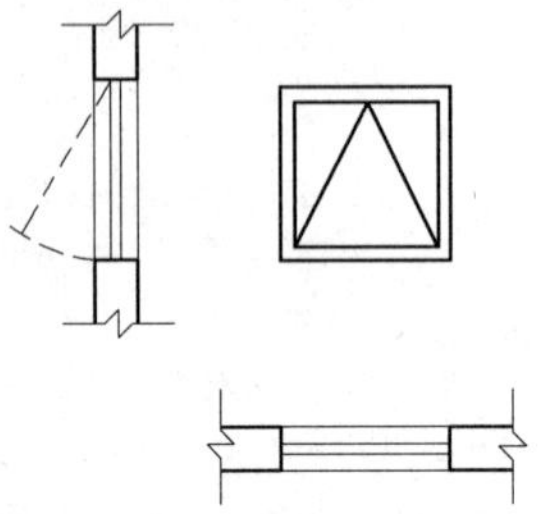	
中悬窗	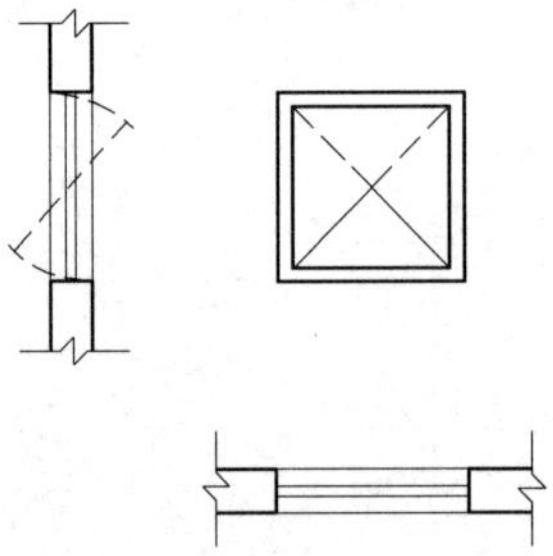	1. 窗的名称代号用 C 表示。 2. 平面图中，下为外，上为内。 3. 立面图中，开启线实线为外开，虚线为内开。开启线交角的一侧为安装合页一侧。开启线在建筑立面图中可不表示，在门窗立面大样图中需绘出。 4. 剖面图中，左为外，右为内，虚线仅表示开启方向，项目设计不表示。 5. 附加纱窗应以文字说明，在平、立、剖面图中均不表示。 6. 立面形式应按实际情况绘制
立转窗	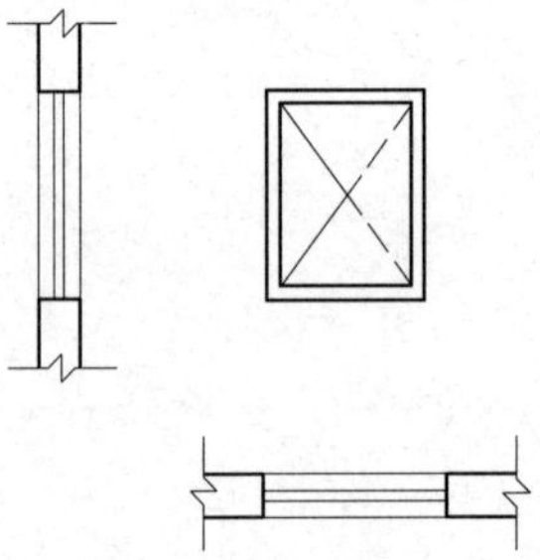	
单层内开平开窗	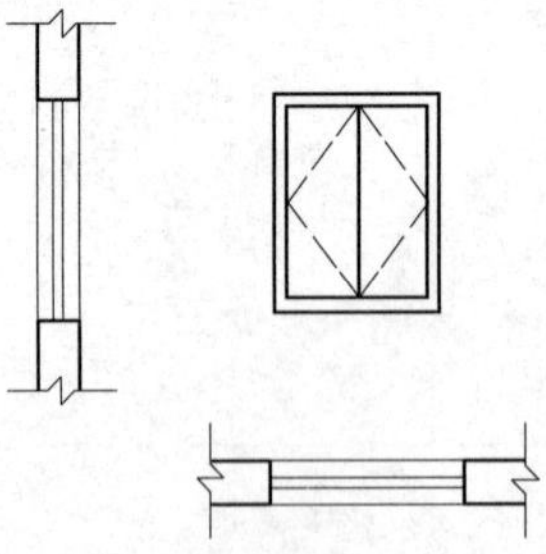	
单层外开平开窗	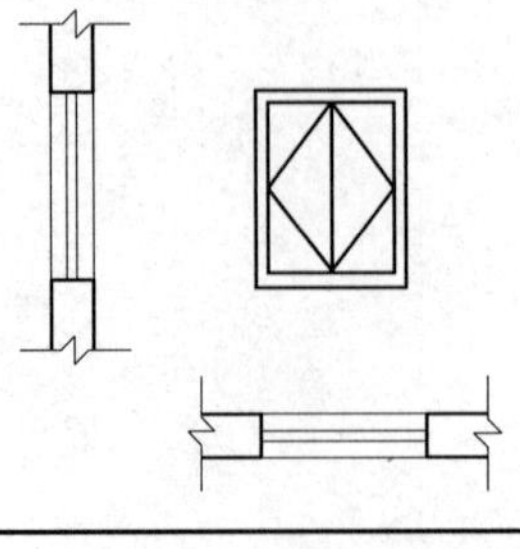	

新编
建筑制图

名 称	图 例	备 注
单层推拉窗		
双层推拉窗	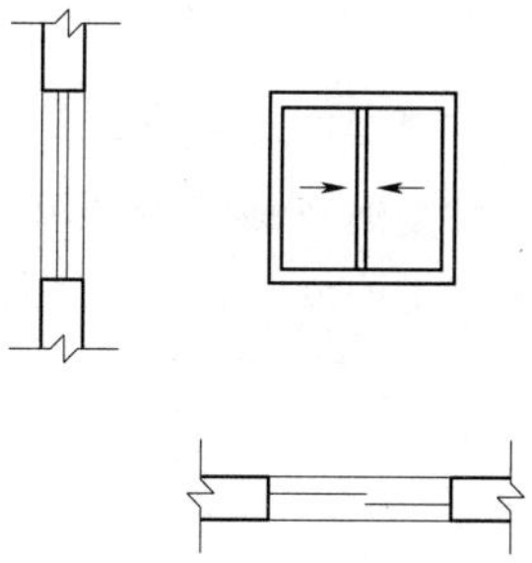	1. 门的名称代号用 M 表示。 2. 立面形式应按实际情况绘制
上推窗		
百叶窗		
高窗	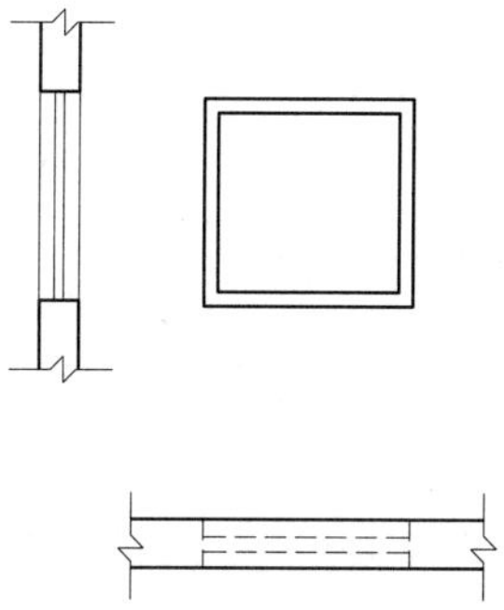	1. 窗的名称代号用 C 表示。 2. 立面图中,开启线实线为外开,虚线为内开。开启线交角的一侧为安装合页一侧。开启线在建筑立面图中可不表示,在门窗立面大样图中需绘出。 3. 剖面图中,左为外,右为内。 4. 立面形式应按实际情况绘制。 5. h 表示高窗底距本层地面标高。 6. 高窗开启方式参考其他窗型

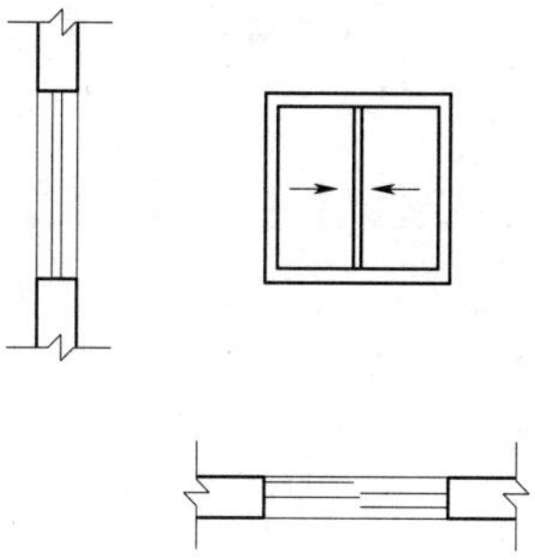

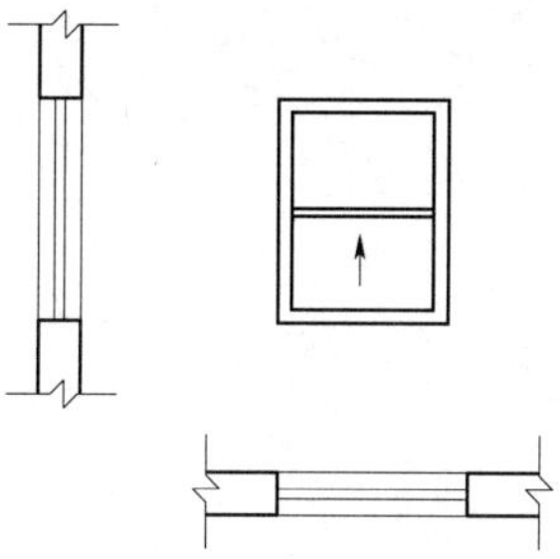

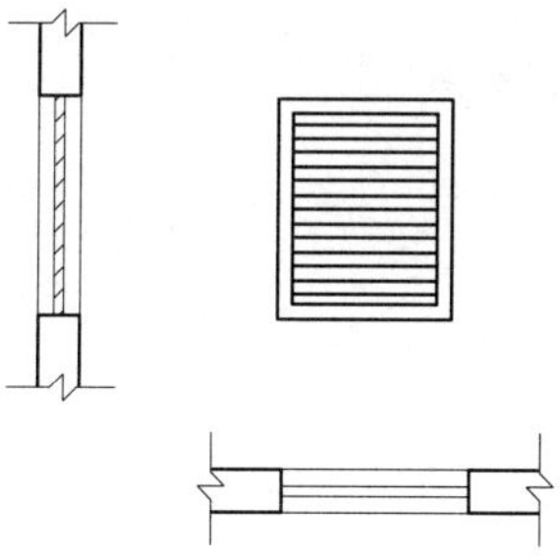

项目四　建筑施工图的识读与手工绘制

2. 平面图的图线

如图 4.3.6 所示。建筑平面图的线型、线宽选择需严格按照制图标准要求，定位轴线用细的单点划线；被剖切主要构件（包括构配件）轮廓线用粗实线绘制，被剖切次要构件（包括构配件）轮廓线用中实线绘制，可视构件（包括构配件）轮廓线用细实线绘制，同时，对于中心线、对称线、定位轴线、分水线、粉刷线、保温材料层线等按照图线表使用。相关尺寸标注、填充线、家具线、建筑符号（如对称线、折断线、索引符号、引出符号等）的线型和线宽选择按表应用。

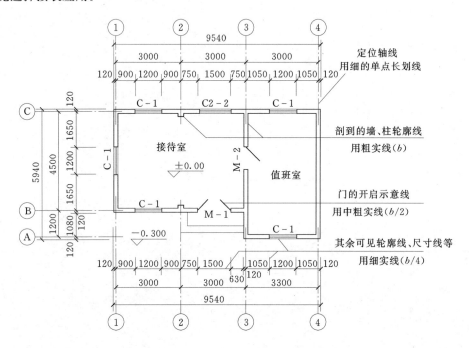

图 4.3.6　建筑平面图的图线表达

3. 平面图中的定位轴线及编号

（1）定位轴线的作用。

定位轴线主要用来确定房屋各承重构件（承重墙、柱）的位置。是进行尺寸标注一个重要的依据，它对施工定位起到很重要的作用。

（2）定位轴线的图示方法。

如图 4.3.7 所示。定位轴线用细点画线绘制，其编号注在轴线端部用细实线绘制的圆内，圆的直径为 8～10mm，圆心在定位轴线的延长线或延长线的折线上。横向编号（或称开间方向编号）用阿拉伯数字，从左至右顺序编写；竖向编号（进深方向编号）用大写拉丁字母（除 I、O、Z 外）从下至上顺序编写，当字母数量不够使用，可增用双字母或单字母加数字注脚的方式续编。一般建筑平面图的定位轴线的编号，宜标注在图样的下方或左侧或上下左右均标注。

对于非承重分隔墙或次要承重构件的定位，可用附加轴线表示。如图 4.3.8 所示，附加定位轴线的编号应以分数形式表示，并应符合下列规定：两根轴线的附加轴线，应以分母表示前一轴线的编号，分子表示附加轴线的编号，编号宜用阿拉伯数字顺序编写；①号轴线或Ⓐ号轴线之前的附加轴线的分母应以 01 或 0A 表示。

（3）特殊平面的定位轴线的编号。

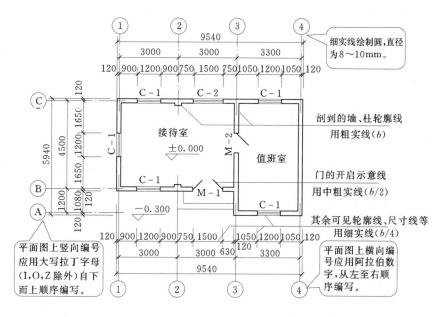

图 4.3.7 平面图中的定位轴线绘制及编号

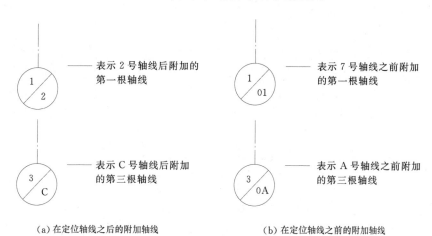

（a）在定位轴线之后的附加轴线　　　　（b）在定位轴线之前的附加轴线

图 4.3.8 附加轴线及其编号

1）圆形与弧形平面图中的定位轴线，其径向轴线应以角度进行定位，其编号宜用阿拉伯数字表示，从左下角或−90°（若径向轴线很密，角度间隔很小）开始，按逆时针顺序编写；其环向轴线宜用大写拉丁字母表示，从外向内顺序编写，见图 4.3.9。

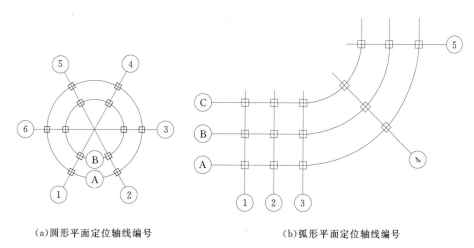

（a）圆形平面定位轴线编号　　　　　（b）弧形平面定位轴线编号

图 4.3.9 圆形和弧形平面定位轴线编号

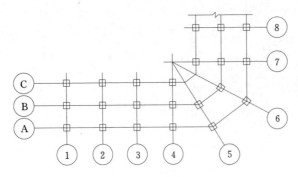

图 4.3.10 折线平面图的定位轴线

2）折线平面的定位轴线按图 4.3.10 表示。

3）对于组合较复杂的平面图中定位轴线也可采用分区编号。编号的注写形式应为"分区号-该分区编号"。"分区号-该分区编号"采用阿拉伯数字或大写拉丁字母表示，如图 4.3.11 所示。

4. 平面图中的尺寸标注

平面图中包含标高尺寸和线性尺寸，如图 4.3.12 所示。

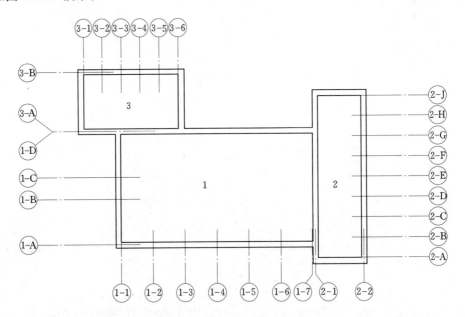

图 4.3.11 定位轴线的分区编号

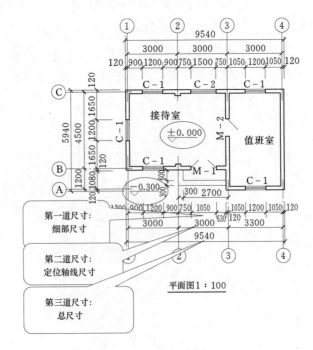

图 4.3.12 平面图中的尺寸标注

标高是相对标高，应标注不同楼地面房间标高及室外标高。底层平面图需标注各出入口室外标高、建筑四角室外标高、底层地面标高、台阶标高、卫生间厨房地面标高、阳台地面标高；其他各层平面图主要标注楼面、卫生间厨房楼面标高、阳台楼面标高、楼梯平台楼面标高。

平面图中的线性尺寸由内外尺寸组成。

（1）平面图外墙标注三道尺寸。

第一道是外包尺寸；第二道是定位轴线尺寸；第三道是门窗洞口及窗间墙、变形缝和建筑定位轴线的尺寸关系。

（2）平面图的建筑内部尺寸。

砌体结构的承重墙和非承重墙、钢筋混凝土剪力墙应标注其厚度尺寸和定位尺寸。结构柱应标注定位尺寸，不一定标注断面尺寸。内部门窗应标注定位尺寸，高窗应注明窗台距本层楼地面高度，门洞（不装门的洞口）应标注定位和洞宽洞高尺寸。

尺寸标注应清晰、简明、正确。互相平行的尺寸线，应从被注写的图样轮廓线由近向远整齐排列，较小尺寸应离轮廓线较近，较大尺寸应离轮廓线较远；轮廓线以外的尺寸界线，距图样最外轮廓之间的距离，不宜小于 10mm；平行排列的尺寸线的间距，宜为 7～10mm，并应保持一致。如图 4.3.13 所示。

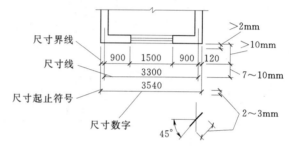

图 4.3.13　规范的尺寸标注方法

除此之外，在入室门口平台、散水、卫生间地面、雨棚、屋面处常有百分数如 2% 或比值 1：2 等的坡度标注。如图 4.3.14 所示。坡度箭头用单面箭头表示，箭头指向排水方向。

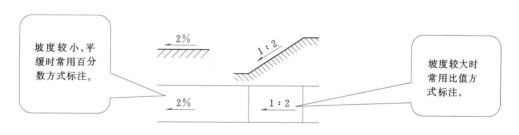

图 4.3.14　平面图中坡度的标注

5. 平面图的相关符号

（1）指北针符号。

如图 4.3.15（a）所示，指北针应在 ±0.000 的首层平面图和总平面图中表示，其他图纸不必画指北针。

（2）剖切符号。

建筑内部的构造、层高、建筑构件等常常需要使用剖面图或断面图来说明。在首层平面图中，往往会在需要绘制剖面图的部位画有剖切符号。如图 4.3.15（a）所示，也可采用如图 4.3.15（b）所示的剖视方法。

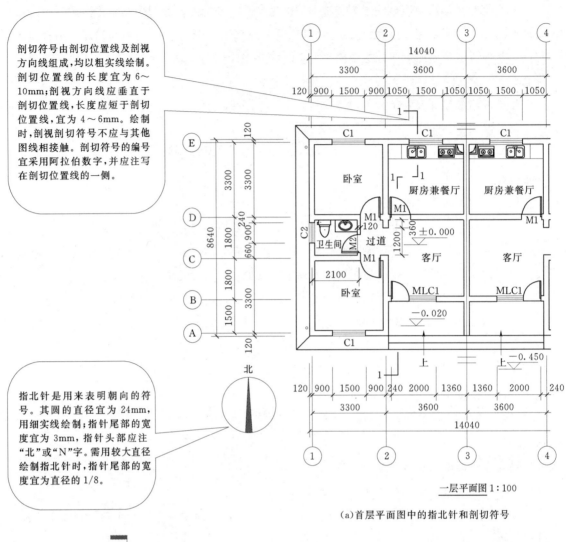

剖切符号由剖切位置线及剖视方向线组成，均以粗实线绘制。剖切位置线的长度宜为6~10mm；剖视方向线应垂直于剖切位置线，长度应短于剖切位置线，宜为4~6mm。绘制时，剖视剖切符号不应与其他图线相接触。剖切符号的编号宜采用阿拉伯数字，并应注写在剖切位置线的一侧。

一层平面图1:100

（a）首层平面图中的指北针和剖切符号

指北针是用来表明朝向的符号。其圆的直径宜为24mm，用细实线绘制；指针尾部的宽度宜为3mm，指针头部应注"北"或"N"字。需用较大直径绘制指北针时，指针尾部的宽度宜为直径的1/8。

北

（b）剖切符号

图 4.3.15　剖面的剖切符号

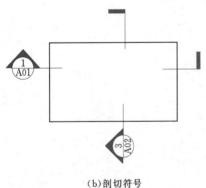

图 4.3.16　断面的剖切符号

对于断面图的剖切符号，断面剖切符号只用剖切位置线表示，并应以粗实线绘制，长度宜为6~10mm。编号宜采用阿拉伯数字，按顺序连续编排，并应注写在剖切位置线的一侧；编号所在的一侧应为该断面的剖视方向，如图4.3.16所示。

需要特别指出的是，剖面图或断面图，如与被剖切图样不在同一张图内，应在剖切位置线的另一侧注明其所在图纸的编号，也可以在图上集中说明。

（3）索引符号。

如图 4.3.17 所示，图纸中如果遇到某一局部或构件需要另见详图时，应以索引符号索引。索引符号的绘制与编写应根据不同需要按下列规定进行：

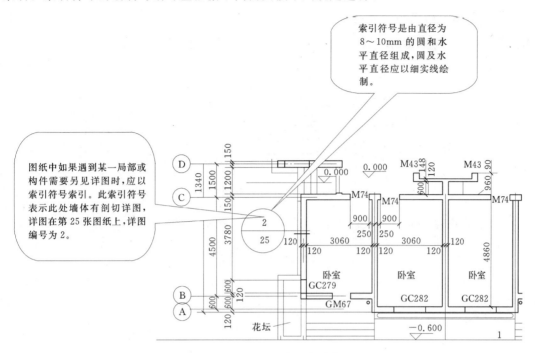

图 4.3.17　平面图中的索引符号

1）索引出的详图，如与被索引的详图同在一张图纸内，应在索引符号的上半圆中用阿拉伯数字注明该详图的编号，并在下半圆中间画一段水平细实线。如图 4.3.18（a）所示。

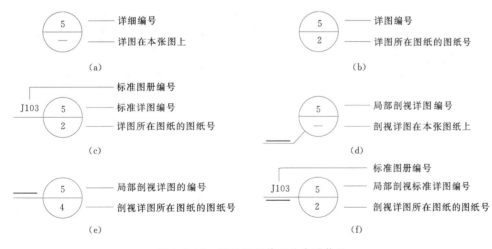

图 4.3.18　用于不同情况的索引符号

2）索引出的详图，如与被索引的详图不在同一张图纸内，应在索引符号的上半圆中用阿拉伯数字注明该详图的编号，在索引符号的下半圆用阿拉伯数字注明该详图所在图纸的编号。数字较多时，可加文字标注，如图 4.3.18（b）所示。

3）索引出的详图，如采用标准图，应在索引符号水平直径的延长线上加注该标准图册的编号。需要标注比例时，文字在索引符号右侧或延长线下方，与符号下对齐，如图

4.3.18（c）所示。

索引符号如用于索引剖视详图，应在被剖切的部位绘制剖切位置线，并以引出线引出索引符号，引出线所在的一侧应为剖视方向。如图4.3.18（d）～（f）所示。

6. 房间名称标注

建筑平面图中各个房间必须注明名称或编号，以明确房间功能。如图4.3.19和图4.3.20所示。如若采用编号标注方式，则需在平面图一侧列表说明对应房间名称。

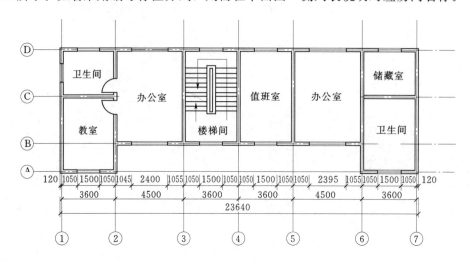

图4.3.19 房间注明名称标注

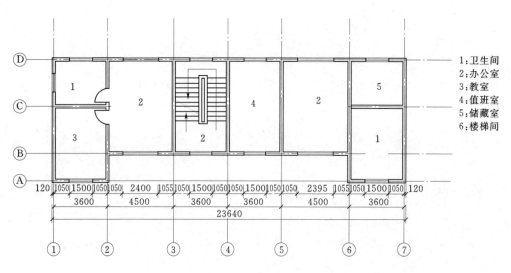

图4.3.20 房间编号标注方式

7. 其他图示

凡固定卫生洁具、厨具、灶台、洗菜池、盥洗池、地漏、洗衣机、冰箱均绘制位置，可移动家具可不绘制位置（建筑方案图可绘制家具图示）。

预留洞（槽）、烟道、风道、设备井道、上人口应标注位置和尺寸，或说明位置和尺寸。

台阶、花坛、散水、坡道、窗井、地沟、楼梯绘制可见线，标注或说明尺寸做法。

雨棚和屋面应标注排水方向和排水坡度、水舌和雨水斗位置；地面排水方向及坡度。

楼梯和踏步上下方向的箭头。

第三步：在建筑构造知识基础上，识读建筑平面图的相关信息

联系平、立、剖面图阅读，先建筑整体后建筑细部是识读图纸的重要前提。主要按以下信息顺序进行：

（1）图名、比例。

（2）建筑和房间的朝向（通过底层平面图中的指北针符号）。

（3）房间形状、用途数量。

（4）墙的位置、分隔情况，相互间的联系情况。

（5）通过外部和内部尺寸，可了解到各房间的开间、进深、外墙与门窗及室内设备的大小和位置。

（6）从图中门窗的图例及其编号，可了解到门窗的类型、数量及其位置。

（7）从剖切符号、索引符号或从建筑细部尺寸和位置，了解建筑细部构造。

需要注意的是，识读建筑平面图的过程中需要联系建筑立面图和剖面图，从构造入手，用对已有建筑的认识，先整体后细部，逐步还原建筑空间，再用剖面图有关知识解读平面图信息点。

下面以图 4.2.1 总平面图中的"户型二"两层小住宅为例，分析和识读建筑平面图。

1. 联系平、立、剖，把握建筑整体状况

从平、立、剖面图来看，该建筑是一个二层坡屋顶低层居住建筑，局部单层，建筑平面呈 Ⅵ 形，建筑层高 3.2m＋3.0m，屋顶高度 2.5m。

2. 从构造解读

常见建筑结构形式主要有砌体结构、钢筋混凝土框架结构、框架剪力墙结构、剪力墙结构等。

该建筑属于砌体结构。因此墙体、构造柱、楼板、楼梯、圈梁、过梁、圈梁兼过梁、挑梁、结构梁是砌体结构中常常出现的结构部件，也是绘制平、立、剖面图需要出现的图素信息。对于楼梯、墙体等建筑图例虽然针对不同制图比例，它们的绘制深度不同，但表示的意义却是相同的。如构造柱在 1：100 的比例中是用涂黑的方式表示。而在 1：50 的比例中是用材料图例的方式表示。

3. 一层平面图识读（见图 4.3.24）

如图 4.3.21 所示，结合建筑的分层剖视轴测图，一层建筑平面是在距地面高 1.0～1.2m 左右水平剖切建筑后形成的剖面图。从剖面图的形成和表达可知，有剖切部分和可视部分，对剖切部分用粗实线表达剖切轮廓线，内部填充图例，对可视部分用细实线表达可视轮廓线，看不见的部分不画。一层平面被剖切的部分有墙、柱、楼梯、门窗等，因此建筑平面图出现粗实线墙、填充构造柱、折断的楼梯、门窗平面图例。一层可视部分有散水、室外台阶、窗台、楼梯、厨房、卫生间地面分水线、空调板、卫生洁具、厨房固定用具等，因此建筑平面图中用中粗线绘制出了可视部分的图样。具体解读如下：

（1）开间与进深：横轴开间（3600＋2500＋3500）纵轴进深（3900＋2100＋3000＋2100）。建筑总长 9.64m，建筑总宽 11.34m。

（2）各房间开间与进深：客厅兼餐厅（3.60m×6.90m）、厨房（3.60m×2.10m）、门厅（2.30m×3.00m）、楼梯间（2.50m×3.00m）、老人卧室（3.50m×3.90m）、卫生间（2.37m

×2.10m)、杂物间（3.50m×3.00m）。

（3）门窗：门窗定位尺寸从相邻轴线引出，如客厅外窗 C1822，距离①轴距离 900mm，距离②轴 900mm，窗宽 1800mm。门窗编号采用宽高编号法如（M0922A，门宽×高＝900×2200，左侧门把手）和类型编号法（如 FDM1524，防盗门宽×高＝1500×2400）。

（4）可视建筑构件：主入口室外台阶宽 2760mm，上三级台阶，台阶宽 300mm，室内外高差 450mm，详图见图 4.3.24，详图编号②。卫生间地面相对门厅地面低 20mm（标高－0.020－0.000）。厨房地面相对餐厅地面低 20mm（标高－0.020－0.000）。洗衣间地面相对门厅地面低 400mm（标高－0.400－0.000），室内砖砌踏步 2 步，踏步宽 250mm。室外散水宽 800mm，北部次入口处局部为 500mm。散水详图见图 4.3.24，详图编号①。此外可见部分还有窗台、卫生间洁具、厨房厨具图样。

（5）其他图示和说明：由说明文字可知，未注明墙体厚度为 240mm，卫生间和厨房地面向地漏找坡 1％。空调穿墙洞尺寸规格和定位用图示和引出线进行了具体说明。雨水管位置在一层平面图、二层平面图和屋面平面图相互对应。卫生间隔墙厚 120mm。构造柱截面尺寸 240 × 240mm。楼梯平台下和梯段板下设置隔墙，墙厚 120mm，此房间功能为洗衣间。

（6）指北针在一层平面图左下角，方向与总平面图相同。一层平面图中有剖切符号 1—1，剖切在楼梯间和门厅间，剖切后向左看。

4. 二层平面图识读（见图 4.3.25）

（1）厨房为一层，厨房屋面为坡屋

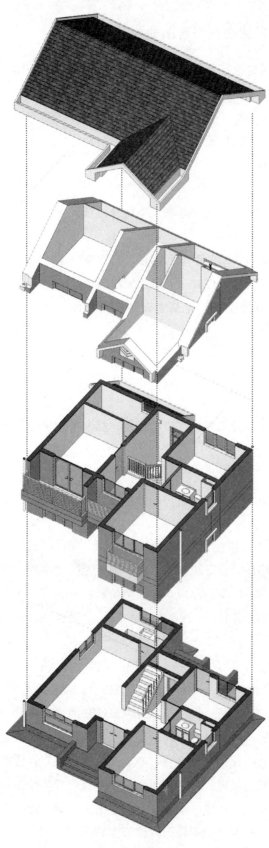

图 4.3.21　分层剖视图

面，檐沟宽度 500，檐沟找坡 1％，详图见图 4.3.25 详图①，屋面泛水做法见大样②。

（2）主卧室设置 120mm 后隔墙，进深 1740。主卧室南侧设置露台，阳台进深

1740mm。露台相对卧室地面低50mm（3.200-3.150），采用护栏防护。

（3）东南角卧室窗外设置空调板，供放置一层和二层房间空调，空调板2000×650，有装饰护栏（联系南立图），护栏做法见图4.3.25详图③。

（4）南北两侧出入口设置雨篷，雨篷做法分别索引在图4.4.7图①。

（5）空调洞口位置和规格分别用引出线具体说明。

5. **屋面平面图识读**（见图4.3.26）

（1）屋面为人字坡，坡度均为35°，屋面檐沟宽檐沟宽度500，檐沟找坡1%，详图见图4.3.25详图①。屋面山墙挑檐封檐做法详图见图4.4.8详图①。屋脊做法索引在施工图见图4.4.8详图②。

（2）屋面太阳能支座做法详图见图4.3.26详图②。

（3）屋面排气管出屋面泛水做法详图见图4.3.26详图①。

第四步：在识读基础上正确绘制建筑平面图

以某一建筑底层平面为例，建筑平面图的绘制步骤与方法如下：

（1）选定比例和图幅。

首先根据房屋的复杂程度和大小选定绘制比例，然后根据房屋的大小以及选定的比例，估计注写尺寸、符号和有关说明所需的位置，选用图幅大小。

注意：比例对墙体和窗户等表达的影响，如图4.3.22所示。

当比例大于1：50时，墙体材料图例和抹灰层都需要表达出来；当比例等于1：50时，墙体的抹灰层要表达出来；当比例等于1：100时，墙体只需要表达出轮廓线；当比例等于1：200时，墙体只需要用粗线表达即可。同样，窗户也是随着比例变小，不断简化其表达。

（2）根据比例估算出图形面积大小，合理均匀布置图面。

（3）用2H铅笔画出定位轴线如图4.3.23（a）所示。

（4）用2H铅笔画出墙体底稿线，如图4.3.23（b）所示。

（5）用2H铅笔画出画出全部墙、柱断面和门窗洞，补全未定轴线的次要的非承重墙，如图4.3.23（b）所示。

（6）图稿完成后，须仔细校核，如有问题，应及时解决和更正，在校核无误后用2B铅笔加深加粗墙体轮廓线或上墨线，如图4.3.23（c）所示。

（7）用2H铅笔绘制尺寸线、尺寸界线等；用HB铅笔标注尺寸和符号，如图4.3.23（c）所示。

外墙一般注三道尺寸。内墙应注出墙、柱与定位轴线的相对位置、门窗洞注出宽度尺寸和定位尺

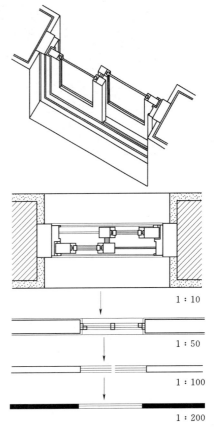

图4.3.22 不同比例平面图中的窗户和墙体的表达

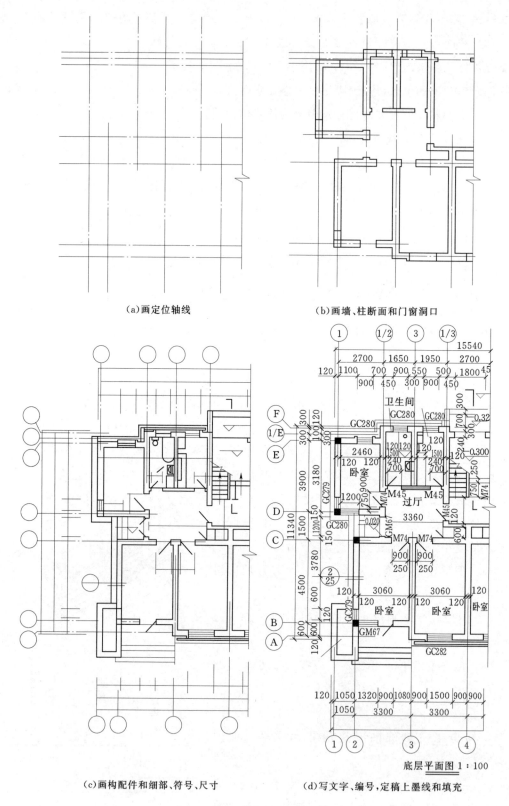

(a)画定位轴线　　　　　　　(b)画墙、柱断面和门窗洞口

底层平面图 1:100

(c)画构配件和细部、符号、尺寸　　(d)写文字、编号，定稿上墨线和填充

图 4.3.23　建筑平面图绘图步骤

寸。画出有关的符号，如底层平面图中的指北针、剖切符号、详图索引符号、定位轴线编号以及表示楼梯和踏步上下方向的箭头和表示地漏附近坡度方向的箭头等。

（8）用 HB 铅笔书写房间名称、门窗型号、文字说明、图名、比例、有关的指引线、标题栏中的文字、备注说明等。如图 4.3.23（d）所示。

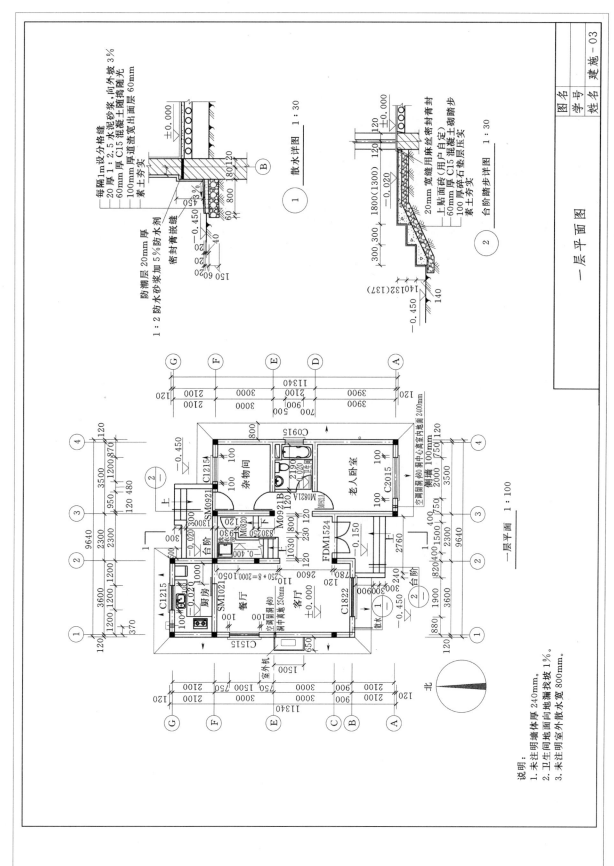

图 4.3.24 一层平面图

项目四 建筑施工图的识读与手工绘制

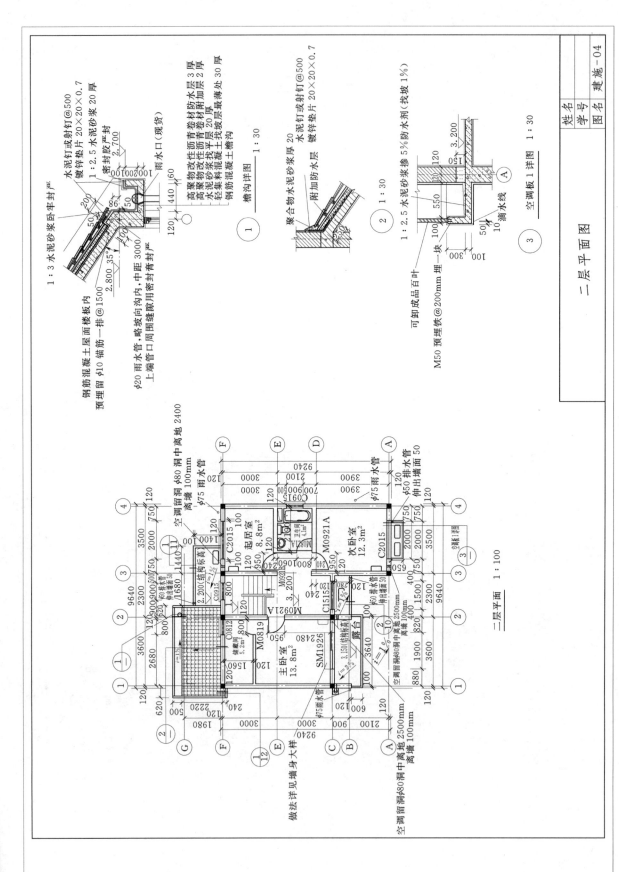

二层平面图

二层平面图

图 4.3.25 二层平面图

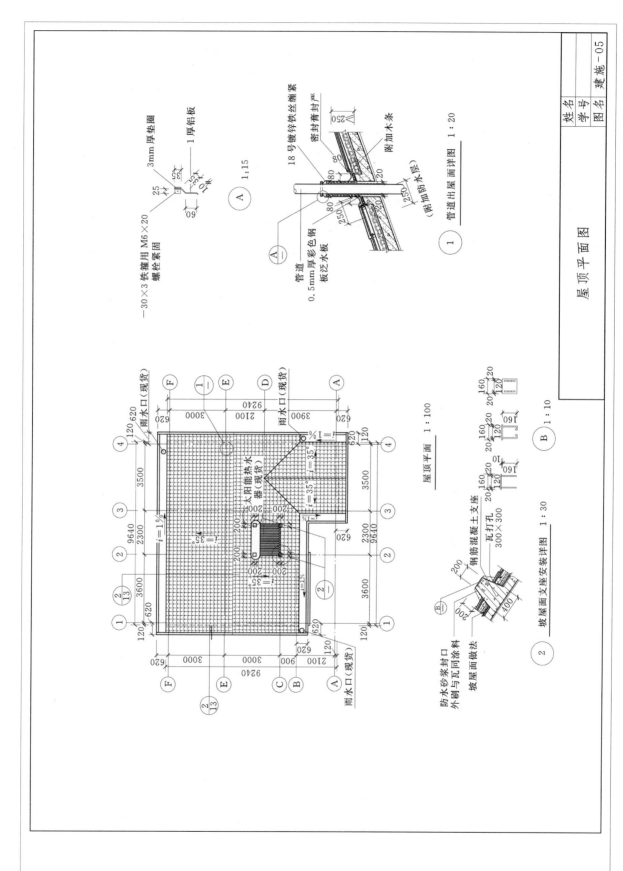

屋顶平面图

图 4.3.26 屗顶平面图

 **任务评价**

评价等级	评价内容及标准
优秀（90～100分）	图面布局得当、整洁，文字书写工整，图线符合线宽组要求，图纸表达符合制图深度要求，建筑符号应用恰当，尺寸标注规范，作图迅速，自觉完成任务
良好（80～89分）	图面布局得当、整洁，文字书写基本工整，图线基本符合线宽组要求，图纸表达符合制图深度要求，建筑符号应用恰当，尺寸标注规范，作图较好，自觉完成任务
中等（70～79分）	图面布局适中，图面较整洁，文字书写适中，图线基本符合线宽组要求，建筑符号应用基本正确，作图速度适中，尺寸标注较为规范，自觉完成任务
及格（60～69分）	图面布局一般，图面较整洁，文字书写适中，图线基本符合线宽组要求，建筑符号应用基本正确，作图速度一般，尺寸标注完整，按时完成任务

 课后讨论与练习

1. 索引符号用细实线绘制，圆的直径为_____mm。圆中分子分母各代表的含义是什么？

2. 正确绘制出指北针的符号。

3. 高窗在平面图上用什么线型表示（　　　）。

A. 中粗实线　　　　　B. 中粗虚线　　　　　C. 细实线　　　　　D. 细虚线

4. 建筑平面在施工图阶段绘制深度有哪些要求？

5. 剖面图原理如何在建筑平面图中体现的？

6. 针对你对图4.3.24～图4.3.26建筑平面图的理解，尝试分层制作出建筑的内部模型。

 知识与技能链接

1. 剖面图

对于内部构造复杂的形体而言，直接用正投影的方法会出现很多的虚线，从而很难把形体状况表达清楚，因此，就用剖切后的正投影图来表达。如图4.3.27所示。

剖面图的形成：如图4.3.28所示。假想的剖切平面平行于基本投影面。同时，要使剖切平面尽量通过形体上的孔、洞、槽等隐蔽形体的中心线，将形体内部尽量表现清楚。可以纵剖，也可以水平剖切。

剖面图的标注与命名：剖视剖切符号的编号宜采用粗阿拉伯数字，按剖切顺序由左至右、由下向上连续编排，并应注写在剖视方向线的端部；需要转折的剖切位置线，应在转角的外侧加注与该符号相同的编号，如图4.3.29所示。剖面图的图名必须与剖切位置编号相一致。

2. 建筑平面图的作用及图示深度要求

建筑平面图主要用来表示房屋的平面布置情况，是建筑专业施工图中最重要、最基本

新编建筑制图

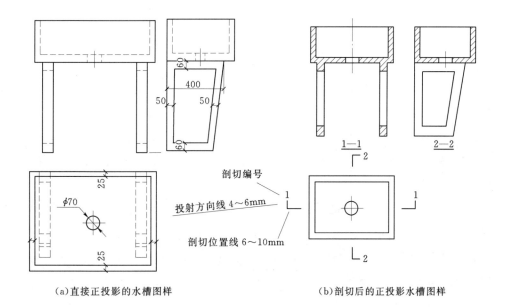

（a）直接正投影的水槽图样　　　　　　　　（b）剖切后的正投影水槽图样

剖切编号

投射方向线 4～6mm

剖切位置线 6～10mm

图 4.3.27　经过剖切后的剖面图与正投影的区别

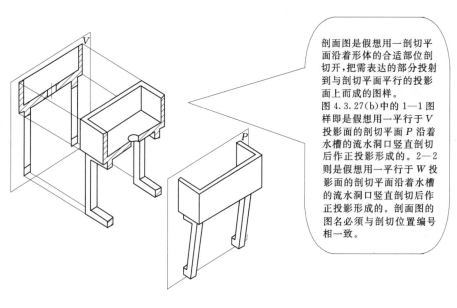

剖面图是假想用一剖切平面沿着形体的合适部位剖切开，把需表达的部分投射到与剖切平面平行的投影面上而成的图样。

图 4.3.27(b)中的 1—1 图样即是假想用一平行于 V 投影面的剖切平面 P 沿着水槽的流水洞口竖直剖切后作正投影形成的。2—2 则是假想用一平行于 W 投影面的剖切平面沿着水槽的流水洞口竖直剖切后作正投影形成的。剖面图的图名必须与剖切位置编号相一致。

图 4.3.28　剖面图的形成

的图纸，其他图纸（如立面图、剖面图、详图）都是以它为依据派生或深化得到的。建筑平面图也是其他专业（结构、暖通、电器、给排水）进行相关设计和制图的依据。同时在施工过程中，建筑平面图是进行放线、砌墙、门窗安装等工作的依据。因此建筑平面图与其他图纸相比更复杂，绘制建筑平面图时需要全面、准确、简明。根据《建筑工程设计文件编制深度规定》（2008 版）规定，作为施工图的建筑平面图的图示内容及深度要求如下所示：

（1）承重墙、柱及其定位轴线和轴线编号，

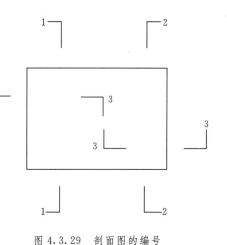

图 4.3.29　剖面图的编号

内外门窗位置、编号及定位尺寸，门的开启方向，注明房间名称或编号。

（2）轴线总尺寸（或外包总尺寸）、轴线间尺寸（柱距、跨度）、门窗洞口尺寸、分段尺寸。

（3）墙身厚度（包括承重墙和非承重墙），柱与壁柱宽、深尺寸（必要时），及其与轴线关系尺寸。

（4）变形缝位置、尺寸及做法索引。

（5）主要建筑设备和固定家具的位置及相关做法索引，如卫生器具、雨水管、水池、台、橱、柜、隔断等。

（6）电梯、自动扶梯及步道（注明规格）、楼梯（爬梯）位置和楼梯上下方向示意和编号索引。

（7）主要结构和建筑构造部件的位置、尺寸和做法索引，如中庭、天窗、地沟、地坑、重要设备或设备机座的位置尺寸、各种平台、夹层、人孔、阳台、雨篷、台阶、坡道、散水、明沟等。

（8）楼地面预留孔洞和通气管道、管线竖井、烟囱、垃圾道等位置、尺寸和做法索引，以及墙体（主要为填充墙，承重砌体墙）预留洞的位置、尺寸与标高或高度等。

（9）车库的停车位和通行路线。

（10）特殊工艺要求的土建配合尺寸。

（11）室外地面标高、底层地面标高、各楼层标高、地下室各层标高。

（12）剖切线位置及编号（一般只注在底层平面或需要剖切的平面位置）。

（13）有关平面节点详图或详图索引号。

（14）指北针（画在底层平面）。

（15）每层建筑平面中防火分区面积和防火分区分隔位置示意（直单独成图，如为一个防火分区，可不注防火分区面积）。

（16）屋面平面应有女儿墙、檐口、天沟、坡度、坡向、雨水口、屋脊（分水线）、变形缝、楼梯间、水箱间、电梯间、天窗及挡风板、屋面上人孔、检修梯、室外消防楼梯及其他构筑物，必要的详图索引号、标高等；表述内容单一的屋面可缩小比例绘制。

（17）根据工程性质及复杂程度，必要时可选择绘制局部放大平面图。

（18）可自由分隔的大开间建筑平面直绘制平面分隔示例系列，其分隔方案应符合有关标准及规定（分隔示例平面可缩小比例绘制）。

（19）建筑平面较长较大时，可分区绘制，但须在各分区平面图适当位置上绘出分区组合示意图，并明显表示本分区部位编号。

（20）图纸名称、比例。

（21）图纸的省略：如是对称平面，对称部分的内部尺寸可省略，对称轴部位用对称符号表示，但轴线号不得省略；楼层平面除轴线间等主要尺寸及轴线编号外，与底层相同的尺寸可省略；楼层标准层可共用同一平面，但需注明层次范围及各层的标高。

3. 各类图线的用途

如表4.3.2所示为各类图线的用途。在识图和绘制建筑施工图的过程中需合理运用，如图4.3.30所示。

表 4.3.2　　　　　　　　　　　　　各 类 图 线 的 用 途

名称		线型	线宽	用途
实线	粗	——————	b	1. 平、剖面图中被剖切的主要建筑构造（包括构配件）的轮廓线。 2. 建筑立面图或室内立面图的外轮廓线。 3. 建筑构造详图中被剖切的主要部分的轮廓线。 4. 建筑构配件详图中的外轮廓线。 5. 平、立、剖面的剖切符号
	中粗	——————	$0.7b$	1. 平、剖面图中被剖切的次要建筑构造（包括构配件）的轮廓线。 2. 建筑平、立、剖面图中建筑构配件的轮廓线。 3. 建筑构造详图及建筑构配件详图中的一般轮廓线
	中	——————	$0.5b$	小于 $0.7b$ 的图形线、尺寸线、尺寸界限、索引符号、标高符号、详图材料做法引出线、粉刷线、保温层线、地面、墙面的高差分界线等
	细	——————	$0.25b$	图例填充线、家具线、纹样线等
虚线	中粗	— — — — —	$0.7b$	1. 建筑构造详图及建筑构配件不可见的轮廓线。 2. 平面图中的梁式起重机（吊车）轮廓线。 3. 拟建、扩建建筑物轮廓线
	中	— — — —	$0.5b$	投影线、小于 $0.5b$ 的不可见轮廓线
	细	- - - - - -	$0.25b$	图例填充线、家具线等
单点划线	粗	—·——·——	b	起重机（吊车）轨道线
单点长划线	细	—·——·——	$0.25b$	中心线、对称线、定位轴线
折断线	细	——／——	$0.25b$	部分省略表示时的断开界线
波浪线	细	∿∿∿	$0.25b$	部分省略表示时的断开界线，曲线形构间断开界限。 构造层次的断开界限

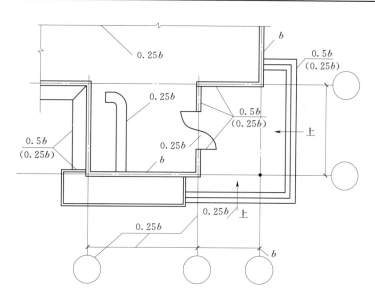

图 4.3.30　平面图图线线宽选用示例

4. 其他阅读图纸相关符号

（1）对称符号。

对具有对称性特点的建筑平、立、剖面表达时往往用对称符号简化表达，以提高作图效率。

如图 4.3.31 所示，水平方向的对称符号表明该图形上下对称，竖直方向的对称符号表明该图形左右对称。该图采用对称符号后只需要绘制 1/4 即可。

对称符号由对称线和两端的两对平行线组成。对称线用细单点长划线绘制;平行线用细实线绘制,其长度宜为 6～10mm,每对平行线的间距宜为 2～3mm;对称线垂直平分于两对平行线,两端超出平行线宜为 2～3mm。

图 4.3.31 对称符号的应用

(2) 连接符号。

如图 4.3.32 所示,连接符号以折断线表示需连接的部位。当两部位相距过远时,折断线两端靠图样一侧应标注大写拉丁字母表示连接编号,且应用相同的字母编号。

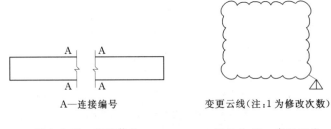

A—连接编号

变更云线(注:1 为修改次数)

图 4.3.32 连接符号   图 4.3.33 变更云线

(3) 变更云线。

在实际工程中常常会出现变更设计的现象,为了方便准确的指出变更部位,通常对图纸中局部变更部分采用云线强调说明,并宜注明修改版次,如图 4.3.33 所示。

任务四 建筑立面图的识读与绘制

任务目标

(1) 了解建筑立面图的形成的方法、作用和命名方法。

(2) 了解建筑立面图的图示内容及深度要求。

(3) 掌握建筑立面图的图示方法。

(4) 掌握建筑立面图的绘制步骤和方法。

任务内容和要求

识读并抄绘建筑立面图 (图 4.4.6～图 4.4.9)。

(1) 图纸:A3 号图幅。

(2) 比例:1:100。

(3) 图线:用铅笔绘制图线,图线粗细合理、表达分明。

(4) 字体:汉字用长仿宋字体。文字高度 3.5～7.0mm。

(5) 图线流畅,字体端正,图面整洁。

(6) 制图严谨,满足设计深度要求。

第一步：看图名，根据建筑立面图的形成分析该立面表达信息在建筑中的位置

建筑立面图是在与房屋立面相平行的投影面上所作的正投影图样，如图 4.4.1 所示。

它主要用来表示建筑的体型和外貌、外墙装修、门窗的位置与形式，以及遮阳板、窗台、窗套、檐口、阳台、雨篷、雨水管、水斗、引条线、勒脚、平台、台阶、等构造和配件各部位的标高和必要的尺寸。建筑立面图在施工过程中，主要用于室外装修。

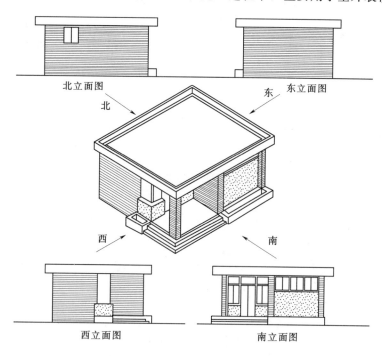

图 4.4.1　房屋四个方向的立面图

建筑立面图的图名，常用以下四种方式命名：

（1）以建筑墙面的特征命名：常把建筑主要出入口所在墙面的立面图称为正立面图，其余几个立面相应的称为背立面图、侧立面图。

（2）以建筑各墙面的朝向来命名，如东立面图、西立面图、南立面图、北立面图（见图 4.4.1）。

（3）以建筑两端的定位轴线编号命名，如①～⑨立面图，Ⓔ～Ⓐ立面图等。"国标"规定：有定位轴线的建筑物，宜根据两端轴线号编注立面图的名称。立面图中的轴线与平面图的轴线是对应的（见图 4.4.2）。

（4）平面形状曲折的建筑物，可绘制展开立面图。圆形或多边形平面的建筑物，可分段展开绘制立面图，但均应在图名后加注"展开"二字，如图 4.4.3 所示。

第二步：了解建筑立面图的图示内容

（1）立面外轮廓及主要结构和建筑构造部件的位置，如女儿墙顶、檐口、柱、变形缝、室外楼梯和垂直爬梯、室外空调机搁板、阳台、栏杆、台阶、坡道、花台、雨篷、烟

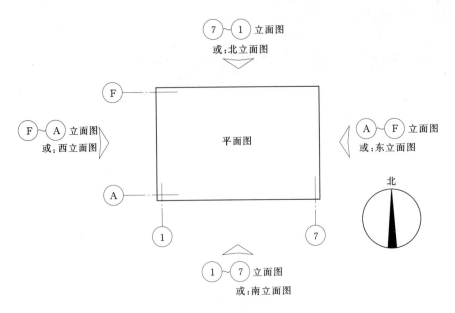

图 4.4.2　建筑立面图的命名

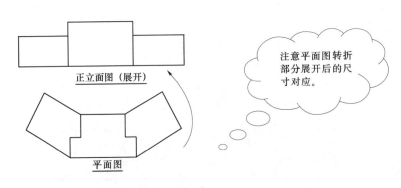

图 4.4.3　展开立面图

囱、勒脚、门窗、幕墙、洞口、门头、雨水管，以及其他装饰构件、线脚和粉刷分格线等。

（2）建筑总高度、楼层建筑辅助线、楼层数及标高以及关键控制标高的标注，如屋面或女儿墙标高等；外墙的留洞应注尺寸与标高或高度尺寸（宽×高×深及定位关系尺寸）。

（3）平、剖面未能表示出来的屋顶、檐口、女儿墙以及其他装饰构件、线脚等的标高或高度。

（4）在平面图上表达不清的窗编号。

（5）各部分装饰用料名称或代号，构造节点详图索引。

（6）图纸名称、比例。

（7）各个方向的立面应绘齐全，但差异小、左右对称的立面或部分不难推定的立面可简略；内部院落或看不到的局部立面可在相关剖面图上表示，若剖面图未能表示完全时，则需单独绘出。

第三步：识读建筑立面图

按以下信息和步骤依次识读：

（1）图名、比例。

（2）该建筑的外貌形状、总高度。

（3）与平面图对照深入了解屋面、门窗、雨篷、台阶等细部形状及位置。

（4）了解建筑物的装修材料做法。

（5）了解立面图上的索引符号。

（6）了解其他立面图。

（7）建立建筑物的整体外貌形状。

识读任务参考。

1. 南立面（见图 4.4.6）

总体状况：本工程为两层坡屋顶低层建筑，一层层高 3200mm，二层层高 3000mm，坡屋顶起坡高度 2500mm，室内外高差 450mm。建筑制图比例 1：100。

细部尺寸：立面外窗窗台高度及窗台高度可由竖向尺寸得知或由建筑标高推算求得，并与剖面图相关窗高相对应。主卧室露台护栏顶标高 4.600，参见建施－14 可知护栏下底标高 3.500mm，由此可推算出栏杆高度为 1100mm。南侧屋檐上顶标高 6.100m。空调板下底结构标高为 2.800m。

详图索引：立面装饰细部做法见图 4.4.6 图①；空调板做法索引见图 4.4.6 图②；墙身剖面大样见图 4.6.13。

2. 北立面（见图 4.4.7）

总体状况与南立面相同。

细部尺寸：立面外窗窗台高度及窗台高度可由竖向尺寸得知或由建筑标高推算求得，并与剖面图相关窗高相对应。厨房坡屋顶最高点结构标高 4.186m，最低点结构标高 2.706m。厨房排烟口中心标高 2.100m。北入口雨篷板底结构标高 2.100。

详图索引：北入口雨篷剖面详图见图 4.4.7 图①。

3. 东立面（见图 4.4.8）

总体状况与南立面相同。

细部尺寸：立面外窗窗台高度及窗台高度可由竖向尺寸得知或由建筑标高推算求得。二层东侧人字坡屋面板顶结构标高 7.609m，檐沟板底结构标高 5.800m。南入口台阶护板顶标高 0.350m。厨房檐沟板底结构标高 2.400m。

详图索引：厨房坡屋面顶部封檐板做法详见图 4.4.8 图①。

4. 西立面（见图 4.4.9）

总体状况与南立面相同。

细部尺寸参见东立面。

详图索引：山墙挑檐板封檐做法大样见图 4.4.9 图①。二层东侧人字坡屋面屋脊结构做法大样图见图 4.4.9 图②。

第四步：了解建筑立面图的图示方法

1. 绘图比例

常用建筑立面图绘图比例为 1：100，在绘制建筑面积较大的工程图纸时也可采用 1：150、1：200 的绘图比例，建筑面积较小时可采用 1：50。通常在一套工程图中建筑平面图、建筑立面图、建筑剖面图采用同比例制图，但立面图也可与平面图绘图比例不一致，以能表达清楚又方便看图为准。

2. 定位轴线编号

绘制建筑立面图宜在两端标注定位轴线号，当立面转折较复杂时可用展开立面表示，但应准确注明转角处的轴线编号，立面定位轴号与建筑平面图中轴号对应。

3. 建筑立面图的图线

如图 4.4.4 所示，为建筑立面图的图线表达。

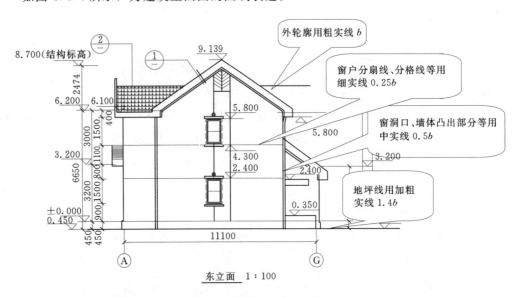

图 4.4.4　建筑立面图的图线表达

（1）立面图最外轮廓线，用粗实线绘制。

（2）雨篷、阳台、柱子、窗台、台阶、花池等建筑构配件投影线及门窗轮廓线用中粗线绘制。

（3）门、窗及墙面分格线、落水管以及材料做法引出线、建筑符号、尺寸线等用中实线绘制。

（4）地坪线用加粗线（粗于标准粗度的 1.4 倍）绘制。

4. 建筑立面尺寸标注和标高（图 4.4.4）

（1）竖直方向：应标注建筑物的室内外地坪、门窗洞口上下口、台阶顶面、雨篷、房檐下口、屋面、墙顶等处的标高，并应在竖直方向标注三道尺寸。里边一道尺寸标注房屋的室内外高差、门窗洞口高度、垂直方向窗间墙、窗下墙高、檐口高度尺寸；中间一道尺寸标注层高尺寸；外边一道尺寸为总高尺寸。相邻的立面图或剖面图，宜绘制在同一水平线上，图内相互有关的尺寸及标高，宜标注在同一竖线上。值得注意的是：平屋面等不易标明建筑标高的部位可标注结构标高，并予以说明。结构找坡的平屋面，屋面标高可标注在结构板面最低点，并注明找坡坡度。建筑立面竖向尺寸标注和标高须和建筑剖面图相互对应。

（2）水平方向：水平方向可不注尺寸，也可标注总面阔轴线尺寸，并在图的下方标出建筑最外两端墙的轴线及轴号。

（3）建筑总高度、楼层建筑辅助线、楼层数及标高以及关键控制标高的标注，如屋面或女儿墙标高等；外墙的留洞应注尺寸与标高或高度尺寸（宽×高×深及定位关系尺寸）。

（4）平、剖面未能表示出来的屋顶、檐口、女儿墙、窗台以及其他装饰构件、线脚等的标高或高度。

（5）其他标注：立面图上可在适当位置用文字标出外部装修色彩和基本做法名称，其详细做法应在建筑设计总说明中进一步说明。

第五步：绘制建筑立面图

1. 选定比例和图幅

首先根据房屋立面的大小选定的比例，估计注写尺寸、符号和有关说明所需的位置，选用图幅大小。

2. 画图稿

（1）画图框和标题栏，均匀布置图面。

（2）以±0.000平面为基准线，分别绘制地面水平线、楼面线；以外墙轴线为定位轴线，分别绘制各墙定位轴线。

（3）根据定位轴线和平面图尺寸绘制门窗洞。

（4）根据定位轴线画出所有建筑构配件。

（5）画建筑细部；标注尺寸、标高符号、索引符号、引出线建筑立面做法说明。

3. 上墨线或加深图线

图稿完成后，须仔细校核，如有问题，应及时解决和更正，在校核无误后，确定线宽组然后上墨线。

建筑立面图的绘制步骤见图4.4.5。

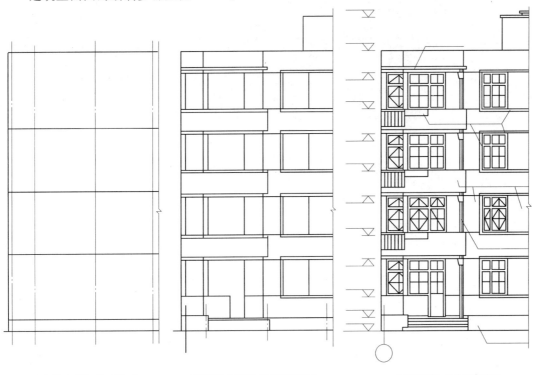

(a)画室外地平线、楼面线、定　　　(b)画凹凸墙面、门窗洞和较大　　　(c)画细部,画出和标注尺
位轴线和房屋的外轮廓线　　　　　的建筑构造、构配件的轮廓　　　　寸、符号、编号、说明

图4.4.5　建筑立面图的绘制步骤

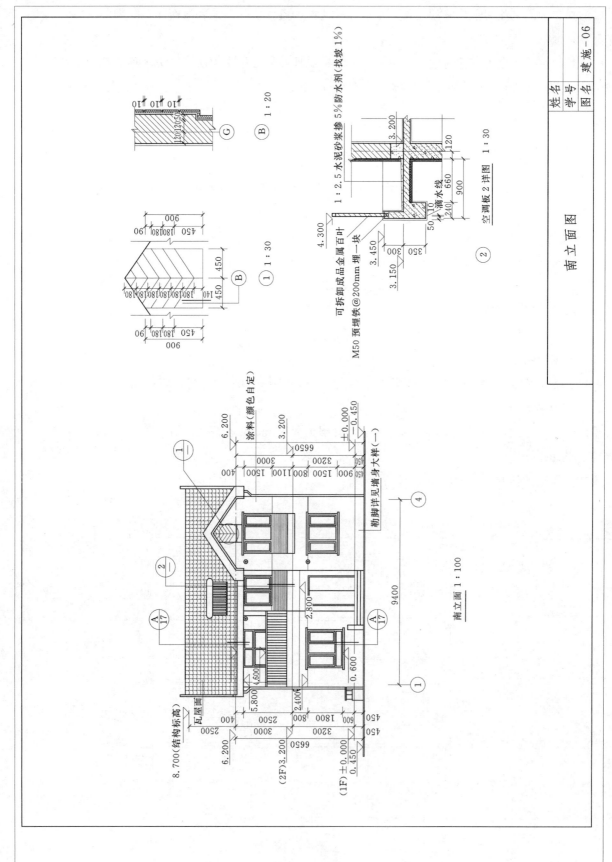

图 4.4.6 南立面图

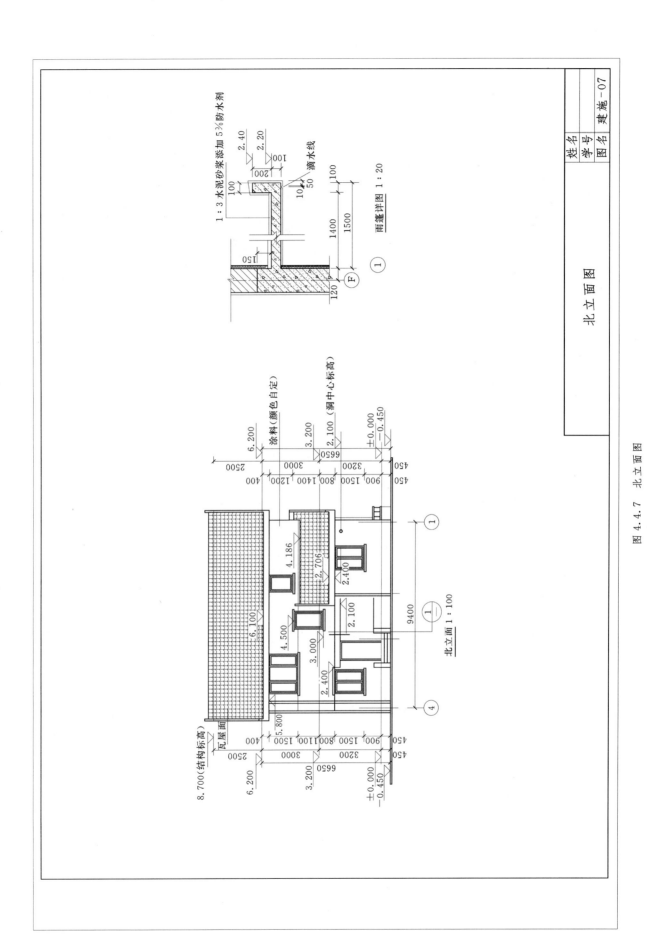

图 4.4.7 北立面图

项目四 建筑施工图的识读与手工绘制

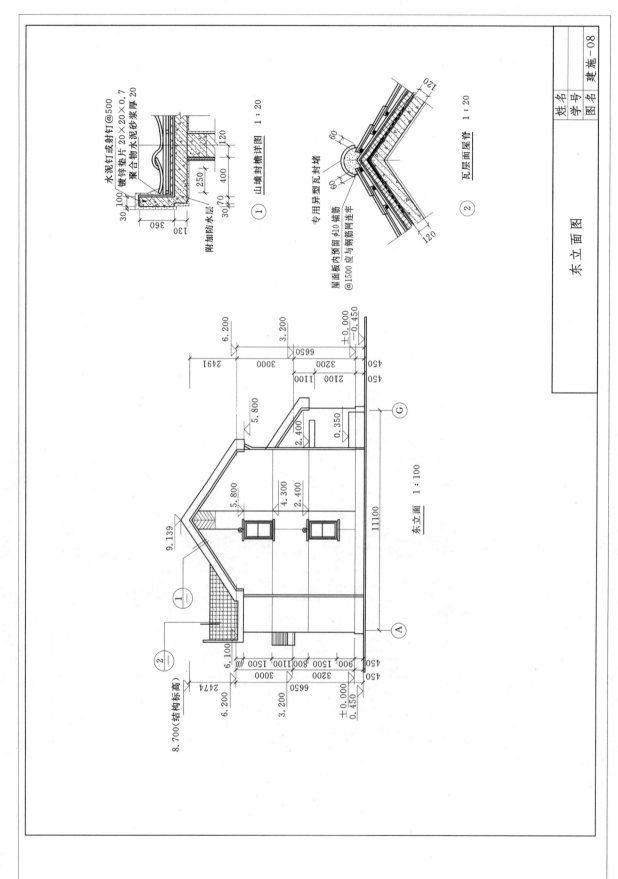

图 4.4.8 东立面图

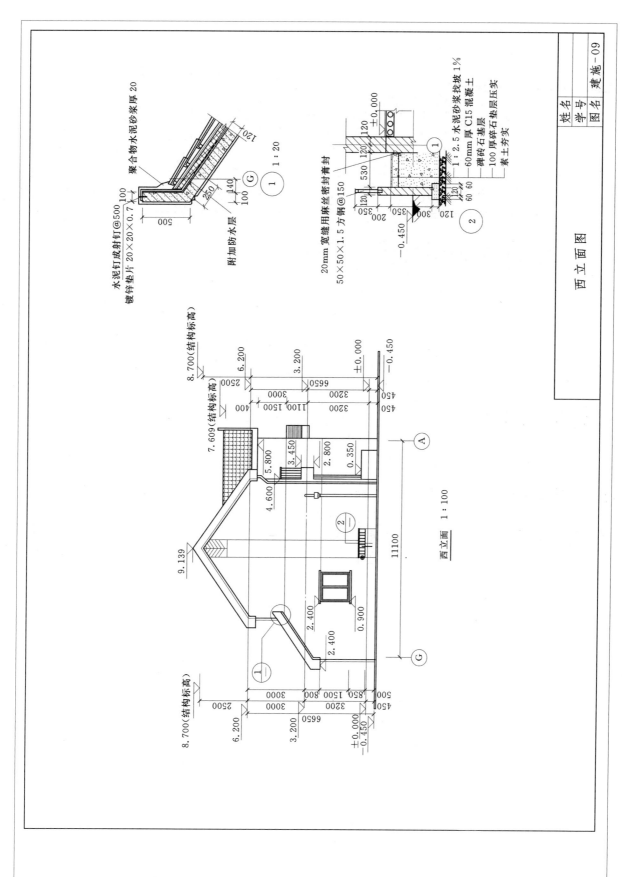

图 4.4.9 西立面图

项目四 建筑施工图的识读与手工绘制

评价等级	评价内容及标准
优秀（90～100分）	图面布局得当整洁，文字书写工整，图线符合线宽组要求，图纸表达符合制图深度要求，建筑符号应用恰当，尺寸标注规范，作图迅速，自觉完成任务
良好（80～89分）	图面布局得当整洁，文字书写基本工整，图线基本符合线宽组要求，图纸表达符合制图深度要求，建筑符号应用恰当，尺寸标注规范，作图较好，自觉完成任务
中等（70～79分）	图面布局适中，图面较整洁，文字书写适中，图线基本符合线宽组要求，建筑符号应用基本正确，尺寸标注完整，作图速度适中，自觉完成任务
及格（60～69分）	图面布局一般，图面较整洁，文字书写适中，图线基本符合线宽组要求，建筑符号应用基本正确，尺寸标注较完整，作图速度一般，按时完成任务

 课后讨论与练习

1. 建筑立面图的图示内容和深度要求有哪些？

2. 在建筑立面图中的竖向尺寸如何标注？

3. 尝试利用图 4.4.6～图 4.4.9 建筑立面图绘制出建筑的外观立体图或制作出建筑的外观模型。

任务五　建筑剖面图的识读与绘制

任务目标

（1）了解建筑剖面图的形成的方法、作用和命名方法。

（2）了解建筑剖面图的图示内容及深度要求。

（3）掌握建筑剖面图的图示方法。

（4）掌握建筑剖面图的绘制步骤和方法。

 任务内容和要求

识读并抄绘图 4.5.41—1 建筑剖面图。要求如下：

（1）图纸：A3 号图幅。

（2）比例：1∶100。

（3）图线：用铅笔绘制图线，图线粗细合理、表达分明。

（4）字体：汉字用长仿宋字体，文字高度 3.5～7.0mm。

（5）图线流畅，字体端正，图面整洁。

（6）严谨，满足设计深度要求。

 任务实施

第一步：看图名，了解该建筑剖面图的形成

如图 4.5.1 所示，建筑剖面图是假想一剖切平面，平行于房屋的某一墙面，将整个房

屋从屋顶到基础剖切开，把剖切面和剖切面与观察人之间的部分移开，将剩下部分按垂直于剖切平面的方向投影而画成的图样。建筑剖面图就是一个垂直的剖视图。剖面图的剖切位置是用剖切符号标注在同一建筑物的底层平面图上的。剖面图的命名以底层平面图中剖切符号的编号命名的。如1—1剖面，2—2剖面，A—A剖面等。因此，看剖面图应与平面图相结合并对照立面图一起看。

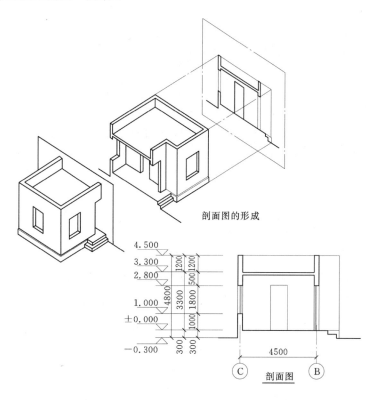

图 4.5.1　建筑剖面图

剖切位置的选择：剖切位置应选在层高不同、层数不同、内外部空间比较复杂，具有代表性的部位；建筑空间局部不同处以及平面、立面均表达不清的部位，可绘制局部剖面。剖面图的剖切位置应根据图纸的用途或设计深度，在平面图上选择能反映建筑物全貌、构造特征以及有代表性的部位剖切，实际工程中剖切位置常选择在楼梯间并通过需要剖切的门、窗洞口位置。剖切符号的剖视方向宜向左、向前。

第二步：熟悉建筑剖面图的图示内容

建筑剖面图主要用来表达房屋内部垂直方向的结构形式、沿高度方向分层情况、各层构造做法、门窗洞口高、层高及建筑总高等。具体图示内容如下：

（1）墙、柱、轴线和轴线编号。

（2）剖切到或可见的主要结构和建筑构造部件，如室外地面、底层地（楼）面、地坑、地沟、各层楼板、夹层、平台、吊顶、屋架、屋顶、出屋顶烟囱、天窗、挡风板、檐口、女儿墙、爬梯、门、窗、楼梯、台阶、坡道、散水、平台、阳台、雨篷、洞口及其他装修等可见的内容。

（3）高度尺寸。

外部尺寸：门、窗、洞口高度、层间高度、室内外高差、女儿墙高度、总高度。

内部尺寸：地坑（沟）深度、隔断、内窗、洞口、平台、吊顶等。

（4）标高：主要结构和建筑构造部件的标高，如地面、楼面（含地下室）、平台、吊顶、屋面板、屋面檐口、女儿墙顶、高出屋面的建筑物、构筑物及其他屋面特殊构件等的标高，室外地面标高。

（5）节点构造详图索引号。

（6）图纸名称、比例。

第三步：识读建筑剖面图

按以下步骤进行识读：

（1）看图名、比例对应底层平面图找剖切位置与编号。

（2）了解被剖切到的墙体、楼板和屋顶等建筑构配件。

（3）了解可见部分的构配件。

（4）了解剖面图上的尺寸标注：竖向尺寸、标高和其他必要尺寸等。

（5）了解剖面图上的索引符号以及某些构造的用料、做法等。

以图 4.5.4 所示举例如下：

建筑剖面图总体状况：本工程为两层坡屋顶低层建筑，一层层高 3200mm，二层层高 3000mm，坡屋顶起坡高度 2500mm，坡屋面坡度 35°，室内外高差 450mm。建筑制图比例 1∶100。

细部尺寸：剖面外窗窗高及窗台高可由竖向尺寸得知或由建筑标高推算求得，并与立面图相关窗高相对应。主卧室露台护栏顶标高 4.600mm，护栏下底标高 3.500mm，由此可推算出栏杆高度为 1100mm。南北屋檐下底结构标高 5.800m。空调板下底结构标高为 2.800m，山墙封檐高 300mm。

第四步：熟悉建筑剖面图的图示方法

（1）比例。针对工程复杂程度可采用 1∶50、1∶100、1∶150、1∶200 绘制。在同一套图纸中，建筑剖面图的比例与同一建筑物的平面图、立面图的比例保持一致绘制，常采用 1∶100。

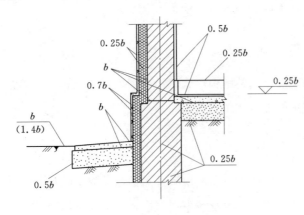

图 4.5.2　剖面图图线线宽选用示例

（2）图线。剖面图的线型按"国家标准"规定。凡是剖到的墙、板、梁等主要建筑构（配）件的剖切轮廓线用粗实线表示。次要建筑构（配）件的剖切轮廓线，建筑可视构（配）件的轮廓线则常用中粗线表示。尺寸标注、建筑符号、建筑粉刷线、保温层线、地面线常用中实线。图例填充线、家具线常用细实线，如图 4.5.2 所示。

（3）图例。剖面图中的门窗等构件是采用"国家标准"规定的图例来表示。参见表 4.3.1。

（4）尺寸标注。

竖直方向：外部标注 3 道尺寸及建筑物的室内外地坪、各层楼面、门窗的上下口及墙顶等部位的标高。图形内部的梁等构件的下口标高，也应标注，且楼地面的标高应尽量标注在图形内。外部的 3 道尺寸，最外一道为总高尺寸，从室外地平面起标到墙顶止，标注建筑物的总高度；中间一道尺寸为层高尺寸，标注各层层高（两层之间楼地面完成面的垂直距离称为层高）；最里边一道尺寸称为细部尺寸，标注墙段及洞口尺寸。

水平方向：常标注剖切的墙、柱及剖面图两端的轴线编号及轴线间距，并在图的下方注写图名和比例。

其他标注：由于剖面图比例较小，某些部位如墙脚、窗台、过梁、墙顶等节点不能详细表达，可在剖面图上的该部位处画上详图索引标志，另用详图来表示其细部构造尺寸。此外楼地面及墙体的内外装修，可用文字分层标注。

第五步：按步骤绘制建筑剖面图（图 4.5.3）

（1）根据绘图比例确定绘图大小，恰当布图。

（2）画墙身定位轴线、室外地面线、室内地平线、室内楼面线、楼梯平台线、屋面线和女儿墙的墙顶线。

（3）画剖切到的墙身、底层地面架空板、楼板、平台板、屋面板及面层线、楼梯、门窗洞、过梁、圈梁、窗套、台阶、天沟、架空隔热板、建筑主要构配件。

（4）画可见阳台、雨篷、壁橱、楼梯扶手和其他构配件和细部。

（5）校核、整理、加深图线。

（6）标注尺寸、标注标高符号、索引符号、引出线及建筑做法说明。

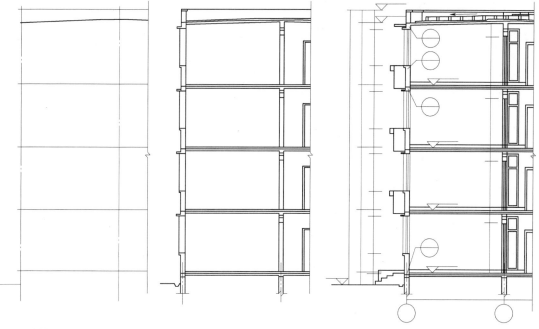

(a)画定位轴线，室内地平线、室外地平线、楼面和楼梯平台面、屋面，以及女儿墙的墙顶线

(b)画剖切到的墙身，底层地面架空板、楼板、平台板、屋面板以及它们的面层线，楼梯、门窗洞、过架、圆架、窗套、台阶、天沟、架空隔热板、水箱等主要构配件

(c)画可见的阳台、雨篷、检修孔、砖墩、壁橱、楼梯扶手和西边住户厨房的窗套等其他构配件和细部，标注尺寸、符号、编号、说明

图 4.5.3　建筑剖面图绘图步骤

129

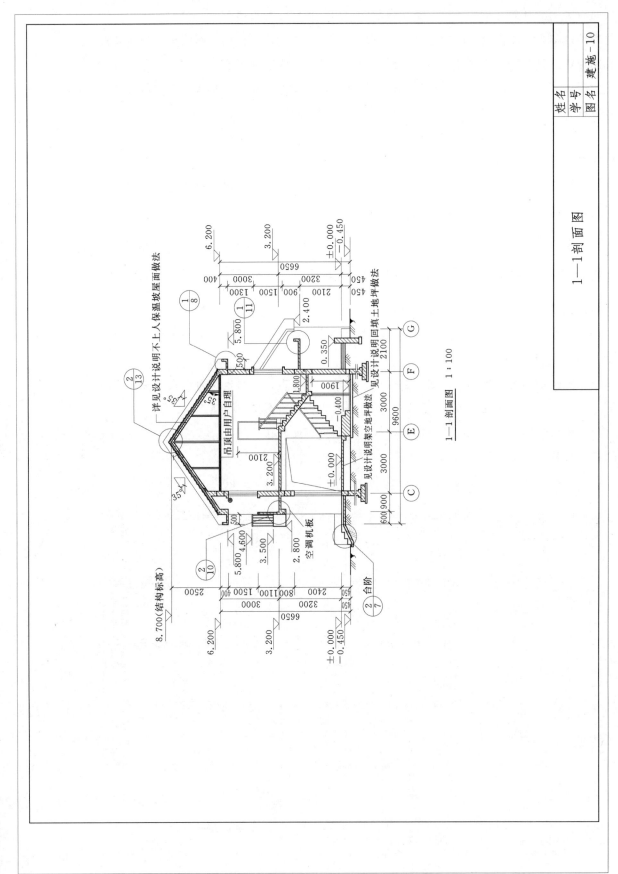

1—1 剖面图 1 : 100

图 4.5.4　1—1 剖面图

建筑剖面图的难点是不但绘制建筑断面，还得注意可视部分位置和形状大小，需要进一步加强建筑构造知识，同时对建筑空间有清晰的认知。

同时，注意图例省略画法与制图比例的关系：《建筑制图标准》（GB/T 50104—2010）中 4.4.4 条，不同比例的平面图，剖面图，其抹灰层、楼地面，材料图例的省略画法，应符合下列规定：

比例大于 1∶50 的平面、剖面图，应画出抹灰层、保温隔热层等与楼地面、屋面的面层线，并宜画出材料图例；

比例等于 1∶50 的平面图、剖面图，剖面图宜画出楼地面、屋面的面层线，宜绘出保温隔热层，抹灰层的面层线应根据需要确定；

比例小于 1∶50 的平面图、剖面图，可不画出抹灰层，但剖面图宜画出楼地面、屋面的面层线；

比例为 1∶100～1∶200 的平面图、剖面图，可画简化的材料图例，但剖面图宜画出楼地面、屋面的面层线；

比例小于 1∶200 的平面图、剖面图，可不画材料图例，剖面图的楼地面、屋面的面层线可不画出。

 任务评价

评价等级	评价内容及标准
优秀（90～100 分）	图面布局得当整洁，文字书写工整，图线符合线宽组要求，图纸表达符合制图深度要求，建筑符号应用恰当，尺寸标注规范，作图迅速，自觉完成任务
良好（80～89 分）	图面布局得当整洁，文字书写基本工整，图线基本符合线宽组要求，图纸表达符合制图深度要求，建筑符号应用恰当，尺寸标注规范，作图较好，自觉完成任务
中等（70～79 分）	图面布局适中，图面较整洁，文字书写适中，图线基本符合线宽组要求，建筑符号应用基本正确，尺寸标注完整，作图速度适中，自觉完成任务
及格（60～69 分）	图面布局一般，图面较整洁，文字书写适中，图线基本符合线宽组要求，建筑符号应用基本正确，尺寸标注较为完整，作图速度一般，按时完成任务

 课后讨论与练习

1. 视图的三等关系如何在剖面图中体现？

2. 建筑剖面图绘制的层高尺寸是如何标注的？顶层建筑层高是如何计算的？

 知识与技能链接

建筑层高：建筑物各层之间以楼、地面面层（完成面）计算的垂直距离。

顶层的层高计算有两种情况，当为平屋面时，因屋面有保温隔热层和防水层等，其厚度变化较大,不便确定,故以该层楼面面层(完成面)至屋面结构面层的垂直距离来计算。当为坡顶时,则以坡向低处的结构面层与外墙外皮延长线的交点作为计算点。平屋面有结构找坡时,以坡向最低点计算,见图 4.5.5。

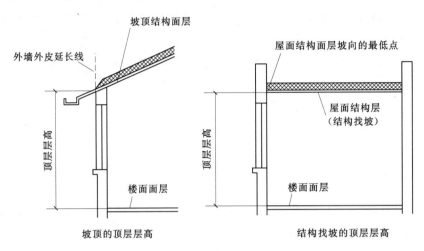

图 4.5.5 顶层层高

任务六 建筑详图的识读与绘制

任务目标

(1)了解建筑详图的用途。

(2)掌握建筑详图的常用绘图比例。

(3)了解各类型建筑详图的图示内容及深度要求。

(4)掌握楼梯详图的绘制步骤和方法。

任务内容和要求

识读第 141 页至第 145 页建筑详图,并抄绘楼梯详图。

(1)图纸:A3 号图幅。

(2)比例:1:50、1:30。

(3)图线:用铅笔绘制图线,图线粗细合理、表达分明。

(4)字体:汉字用长仿宋字体,文字高度 3.5~7.0mm。

(5)图线流畅,字体端正,图面整洁。

(6)制图严谨,满足设计深度要求。

任务实施

第一步:了解建筑详图的作用

建筑详图简称详图,也可称为大样图或节点图。

在建筑施工图中,由于建筑平面、立面、剖面图通常采用 1:100、1:150、1:200

等较小的比例绘制，无法对房屋的一些细部（也称为节点）的形状、层次、尺寸、材料的详细构造和做法完全表达清楚。因此在施工图设计过程中，常常按实际需要，在建筑平面、立面、剖面图和其他图中需要表达清楚建筑构造和构配件的部位引出索引符号，在索引符号所指出的图纸上选用适当大比例画出建筑详图，如 1∶1、1∶2、1∶5、1∶10、1∶15、1∶20、1∶25、1∶30、1∶50 等。在实际工程中，有的详图可直接索引国家或地方的标准图集有关做法。

第二步：看图名，找出详图对应的索引部位

详图一般以详图符号命名或以具体构造名称命名，如门窗详图、楼梯详图、檐口详图等等。如图 4.6.1 所示，是以详图符号 $\frac{1}{20}$ 命名的图样。$\frac{1}{20}$ 说明了该详图从第 20 张图纸索引而来。

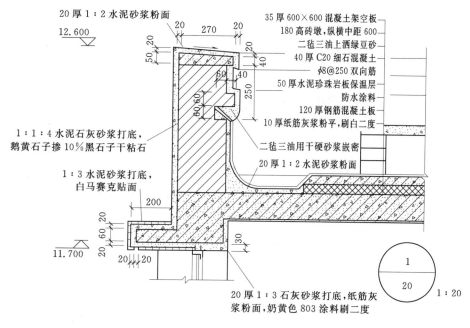

图 4.6.1 以详图符号命名的详图图样

详图符号的应用应按下列规定编号：

（1）详图与被索引的图样同在一张图纸内时，应在详图符号内用阿拉伯数字注明详图的编号，如图 4.6.2（a）所示。

（2）详图与被索引的图样不在同一张图纸内时，应用细实线在详图符号内画一水平直径，在上半圆中注明详图编号，在下半圆中注明被索引的图纸的编号，如图 4.6.2（b）所示。

图 4.6.2 详图符号

在同一套图纸中，详图符号与索引符号是一一对应关系，即有一详图符号，必有一索引符号与之相对应，反之，有一索引符号，必能找到一对应的详图符号。

第三步：了解常用详图的类型及图示深度

一套施工图中，建筑详图的数量视建筑工程的体量大小及难易程度来决定，常用的详图有楼梯间详图、外墙身详图、卫生间详图、厨房详图、屋面详图、门窗详图、电梯及机房详图、阳台详图、雨篷详图等。

1. 楼梯详图

楼梯是楼层垂直交通的必要设施。楼梯由梯段、平台和栏杆（或栏板）扶手组成。常见的楼梯平面形式有：单跑楼梯（上下两层之间只有一个梯段）、双跑楼梯（上下两层之间有两个梯段、一个中间平台）、三跑楼梯（上下两层之间有 3 个梯段、两个中间平台）等。

楼梯间详图包括楼梯间平面图、剖面图、踏步和扶手栏杆等详图。楼梯间详图应尽量安排在同一张图纸上，以便阅读。楼梯详图常用比例为 1∶50。对于楼梯踏步、楼梯栏杆扶手及连接件详图通常采用索引标准图集的办法满足标准化设计，对于有特殊造型和设计的楼梯踏步、楼梯栏杆扶手及连接件详图须自行绘制。

（1）楼梯平面图。

楼梯平面图的水平剖切位置，除顶层在安全栏板（或栏杆）之上外，其余各层均在上行第一跑中间。各层被剖切到的上行第一跑梯段，都在楼梯平面图中画一条与踢面线成 30°的折断线（构成梯段的踏步中与楼地面平行的面称为踏面，与楼地面垂直的面称为踢面）。各层下行梯段不予剖切。而楼梯间平面图则为房屋各层水平剖切后的直接正投影，如同建筑平面图，如中间几层构造一致，也可只画一个标准层平面图。故楼梯平面详图常常只画出底层、中间层和顶层 3 个平面图。

各层楼梯平面图宜上下对齐（或左右对齐），这样既便于阅读又便于尺寸标注和省略重复尺寸。平面图上应标注该楼梯间的轴线编号、开间和进深尺寸，楼地面和中间平台的标高，以及梯段长、平台宽等细部尺寸。梯段长度尺寸标为：踏面数×踏面宽＝梯段长。典型楼层楼梯平面图的特点归纳如下：

1）底层平面图中只有一个被剖到的梯段。上行梯段中间画有一与踢面线成 30°的单折断线，指引线箭头只有"上 n 级"，指从本层到上一层踏步级数均为 n 级；底层平面图须绘制剖面符号。

2）标准层平面图中的踏面，上下两梯段都画成完整的。上行梯段中间画有一与踢面线成 30°的双折断线。折断线两侧的上下指引线箭头是相对的，在箭尾处分别写有"上 n 级"和"下 n 级"，是指从本层到上一层或下一层的踏步级数均为 n 级。

3）顶层平面图的踏面是完整的。只有下行，故梯段上没有折断线。楼面临空的一侧装有水平栏杆，并索引水平栏杆尽端锚固做法。

（2）楼梯剖面图。

楼梯剖切位置应选择在通过第一跑梯段及门窗洞口，并向未剖切到的第二跑梯段方向投影。剖到梯段的步级数可直接看到，未剖到梯段的步级数因栏板遮挡或因梯段为暗步梁板式等原因而不可见时，可用虚线表示，也可直接从其高度尺寸上看出该梯段的步级数。

多层或高层建筑的楼梯间剖面图，如中间若干层构造一样，可用一层表示这相同的若干层剖面，此层的楼面和平台面的标高可看出所代表的若干层情况。

楼梯间剖面图的尺寸标注：

1）水平方向应标注被剖切墙的轴线编号、轴线尺寸及中间平台宽、梯段长等细部尺寸。梯段长度应标成：（踏步数－1）×踏步宽＝梯段长。

2）竖直方向应标注剖到墙的墙段、门窗洞口尺寸及梯段高度、层高尺寸。梯段高度应标成：踏步数×踢面高＝梯段高。

3）标高及详图索引：楼梯间剖面图上应标出各层楼面、地面、平台面及平台梁下口的标高。如需画出踢步、扶手等的详图，则应标出其详图索引符号和其他尺寸，如栏杆（或栏板）高度。

2. 墙身详图

墙身详图即房屋建筑的外墙身剖面详图，主要用以表达：外墙的墙脚、窗台、过梁、墙顶以及外墙与室内外地坪、外墙与楼面、屋面的连接关系；门窗洞口、底层窗下墙、窗间墙、檐口、女儿墙等的高度；室内外地坪、防潮层、门窗洞口的上下口、檐口、墙顶及各层楼面、屋面的标高；屋面、楼面、地面的多层次构造；立面装修和墙身防水、防潮要求，及墙体各部位的线脚、窗台、窗楣、檐口、勒脚、散水的尺寸、材料和做法等内容。外墙身详图可根据底层平面图中，外墙身索引的剖切位置线位置和投影方向来绘制，也可根据房屋剖面图中，外墙身上索引符号所指示需要出详图的节点来绘制。

外墙身详图常用 1:20 的比例绘制，线型同剖面图，详细地表明外墙身从防潮层至墙顶间各主要节点的构造。为节约图纸和表达简洁完整，常在门窗洞口上下口中间断开，成为几个节点详图的组合。有时，还可以不画整个墙身详图，而只把各个节点的详图分别单独绘制。多层房屋中，若中间几层的情况相同，也可以只画底层、顶层和一个中间层来表示。

外墙身详图的±0.000 或防潮层以下的基础以结施图中的基础图为准。屋面、楼面、地面、散水、勒脚等和内外墙面装修的做法、尺寸应和建施图首页中的统一构造说明相对照。

3. 卫生间详图

卫生间详图主要表达卫生间内各种设备的位置、形状及安装做法等。

卫生间详图有平面详图、全剖面详图、局部剖面详图、设备详图、断面图等。其中，平面详图是必要的，其他详图根据具体情况选取采用，只要能将所有情况表达清楚即可。

卫生间平面详图是将建筑平面图中的卫生间用较大比例，如 1:50、1:40、1:30 等，把卫生设备一并详细地画出的平面图。它表达出各种卫生设备在卫生间内的布置、形状和大小。卫生间平面详图的线型与建筑平面图相同，各种设备可见的投影线用细实线表示，必要的不可见线用细虚线表示。当比例不大于 1:50 时，其设备按图例表示。当比例大于 1:50 时，其设备应按实际情况绘制。如各层的卫生间布置完全相同，则只画其中一层的卫生间即可。

卫生间平面详图除标注墙身轴线编号、轴线间距和卫生间的开间、进深尺寸外，还要注出各卫生设备的定量、定位尺寸和其他必要的尺寸，以及各地面的标高等，平面图上还应标注剖切线位置、投影方向及各设备详图的详图索引符号等。

4. 屋面详图

屋面的保温隔热构造层次和防水和排水等方面，常须绘制或索引图集的屋面详图主要表达平屋面保温防水构造、坡屋面保温防水构造、女儿墙泛水做法、天沟或挑檐做法、屋面变形缝做法、屋面上人口做法、屋脊做法、山墙封檐做法等。

屋面详图常采用引出线做法标注方式注明做法和施工要点（如图 4.6.3 所示）。这种多层次做法标注应在构造层上标注实心圆点，构造层次为从下向上识读。制图时注意清晰、简洁、完整说明材料具体做法。

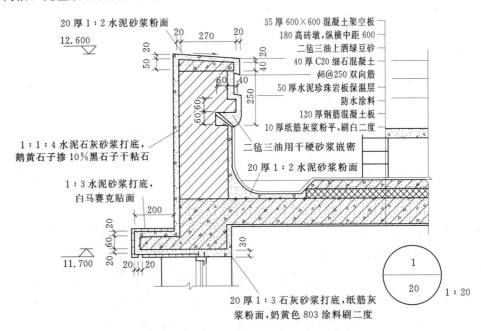

图 4.6.3 架空隔热屋面及女儿墙大样图

在实际工作中常有建筑设计说明屋面构造做法和建筑屋面详图不对应的错误，使得施工出现歧义，因此在设计制图中加以重视，杜绝这种现象的产生。

5. 门窗详图

门窗详图有立面图、节点图、断面图和门窗扇立面图等组成。

门、窗立面图，常用 1∶20 或 1∶30 的比例绘制。它主要表达门窗的外形、开启方式和分扇情况，同时还标出门窗的尺寸及需要画出节点图的详图索引符号。门窗立面详图是门窗详图常见形式。门窗扇向室外开称为外开，反之为内开。《房屋建筑制图统一标准》（GB 50001—2010）规定：门窗立面图上开启方向外开用两条细斜实线表示，如用细斜虚线表示，则为内开。斜线开口端为门、窗扇开启端，斜线相交端为安装铰链端。

门、窗立面图的尺寸一般在竖直和水平方向各标注两道；最外一道为门窗框外包尺寸，里边一道为门窗扇尺寸。

门窗详图一般分别由各地区建筑主管部门批准发行的各种不同规格的标准图供设计者选用。若采用标准详图，则在施工图中只需说明该详图所在标准图集中的编号即可。如果未采用标准图集时，则必须画出门窗详图。在施工图设计中门窗详图也常采用门窗表的形式，表中绘制门窗立面形式、详细尺寸、说明材料种类、数量、断面等级、采用图集代号及编号，备注等部分。对于外门窗应注明其水密性、气密性、抗风压、保温隔声性能要求。

其他详图（如雨篷、空调板、建筑装饰线脚等）的表达方式、尺寸标注和线宽要求等都与前面所述详图大致相同，故不再重复。

第四步：熟悉常用材料图例

如项目一表1.1.4所示。钢筋混凝土材料等常见材料是必须熟悉的。

第五步：识读建筑详图

以楼梯详图为例的识读步骤如下：

楼梯详图是建筑施工图重要内容，在建筑设计中有一定难度，涉及交通运输、防火疏散、安全防护、人体尺度等建筑设计规范要求内容，在建筑施工图审查时是重点审核的内容之一。在设计过程中应与结构专业相互配合，注意梯梁、梯段板厚度、平台梁和平台板厚度，须做到建筑与结构一一对应。

识读楼梯详图建施-11（图4.6.10），可知下列信息：

总体状况：从楼梯平面图可知楼梯间开间和进深尺寸＝2300mm×3000mm，楼层2层，一层层高3200mm，楼梯采用双跑楼梯。一层休息平台下部设置洗衣间，洗衣间地面相对±0.000一层地面低400mm，即洗衣间地面标高为－0.400m。洗衣间隔墙为120砖砌隔墙，侧面隔墙外贴第一跑梯段板外缘，并砌至梯段板板底。

楼梯细部尺寸：梯段宽度1030mm，第一跑梯段分为9步，8个踏面，每步踏面宽250mm，踏步高200mm，即第一跑梯段长250×8＝2000mm，梯段高200×9＝1800mm，一层中间休息平台标高为1.800m。第二跑梯段分为7步，6个踏面，每步踏面宽250mm，踏步高200mm，即第二跑梯段长250×6＝1500mm，梯段高200×7＝1400mm。双跑楼梯高度＝1800＋1400＝3200mm，即等于一层层高，双跑到达二层楼面。一层中间休息平台宽度为1050mm。楼梯间采光窗窗台高1200mm，窗高1500mm。楼梯梯段栏杆高度900mm，二楼栏杆扶手水平段高度＝100＋950＝1050mm，其中100mm高为防坠落挡台高度。

此外，一些其他图纸未标明的构配件标高和尺寸也在楼梯详图中有所交代，如北侧入口雨篷标高顶标高为2.400m；北侧入口室外台阶护板用240mm厚砖墙砌筑，顶标高为－0.350m，压顶高度100mm，栏板基础采用素混凝土基础，基础宽度＝100＋240＋100＝440mm，基础高度120mm，基础埋深480＋120＝600mm。

详图索引：楼梯踏步和栏杆详图见建施-14-①（图4.6.13）。

第六步：熟悉建筑详图的图示方法

建筑详图主要由图线、材料图例、必要的引出线和文字、尺寸标注等组成。

1. 比例

建筑详图的绘图比例宜用1：1、1：2、1：5、1：10、1：20、1：50，必要时也可选用1：3、1：4、1：25、1：30、1：40等。

2. 图线

图线运用如图4.6.4所示。

3. 图例

因为建筑详图比例较大，所以在图示表达中需要应用材料图例表达，如图 4.6.4 所示。

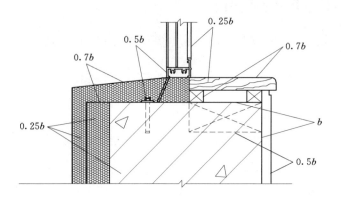

图 4.6.4　详图图线的应用

4. 引出线

引出线多用于解释说明做法或索引详图。引出线应以细实线绘制，宜采用水平方向的直线、与水平方向成 30°、45°、60°、90°的直线，或经上述角度再折为水平线。文字说明宜注写在水平线的上方，也可注写在水平线的端部，如图 4.6.5（a）、（b）所示。索引详图的引出线，应与水平直径线相连接，如图 4.6.5（c）所示。同时引出的几个相同部分的引出线，宜互相平行，也可画成集中于一点的放射线，如图 4.6.6 所示。

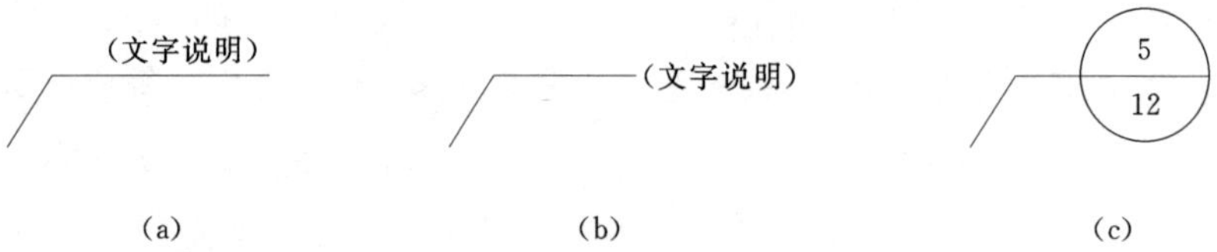

（文字说明）　　　（文字说明）

　　（a）　　　　　　（b）　　　　　　（c）

图 4.6.5　引出线

（文字说明）　　　（文字说明）

　　（a）　　　　　　（b）

图 4.6.6　共同引出线

多层构造或多层管道共用引出线，应通过被引出的各层，并用圆点示意对应各层次。文字说明宜注写在水平线的上方，或注写在水平线的端部，说明的顺序应由上至下，并应与被说明的层次对应一致；如层次为横向排序，则由上至下的说明顺序应与由左至右的层次对应一致，如图 4.6.7 所示。在绘制建筑节点详图时引出线使用较为普遍，需要引起注意。

第七步：绘制建筑详图

以楼梯详图为例，绘图步骤如图 4.6.8 所示。

1. 楼梯平面图绘图步骤

楼梯平面图画法与建筑平面图画法基本相似。各层楼梯平面图绘图步骤如下：

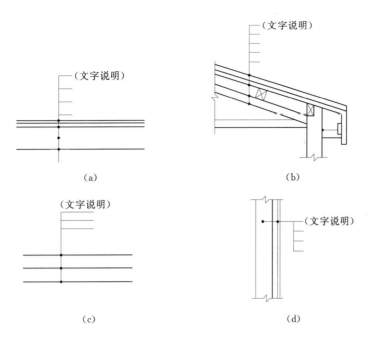

图 4.6.7　多层公用引出线

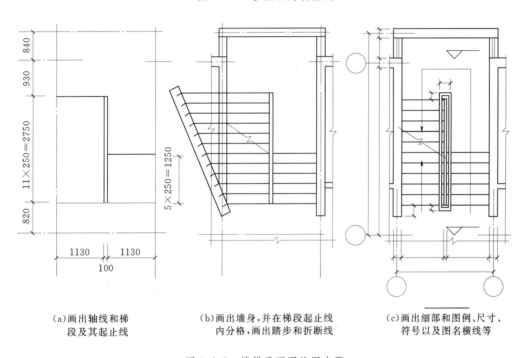

(a)画出轴线和梯
　　段及其起止线

(b)画出墙身,并在梯段起止线
　　内分格,画出踏步和折断线

(c)画出细部和图例、尺寸、
　　符号以及图名横线等

图 4.6.8　楼梯平面图绘图步骤

（1）根据比例，合理规划各层平面图的布图方式。在一张图纸上，从左至右或从下至上依次为底层楼梯平面图、中间层平面图、顶层楼梯平面图。

（2）绘制轴线和楼梯梯段及其起止线。

（3）画出墙身，并在梯段起止线内分格，画出踏步和折断线。

（4）画出细部和图例、尺寸、符号，以及图名及比例。

（5）校核加深图线，图线运用同建筑平面图。

须注意的是楼梯平面图是从各层建筑平面图截取的局部，因此在绘制各层楼梯平面图时要与楼层状况相对应。当中间层布置相同时，也可只画底层、中间层和顶层 3 个楼梯平面图。

2. 楼梯剖面图绘图步骤

如图 4.6.9 所示。

(1) 观察一层楼梯平面图中剖切符号位置，分清剖切梯段、可视梯段及其走势合理布图。

(2) 画出图中所需的定位轴线和各层楼地面与平台面，楼地板面与平台板面，以及各梯段的位置。

(3) 利用等分线，在楼地板面之间定各梯段的高，在梯段位置内定梯段的宽，画出梁、板、室内台阶、墙身、门窗洞、外墙面等主要轮廓线。

(4) 画出细部和图例、绘注尺寸、符号、编号等，按规定线型上墨或铅笔描深。图线运用同建筑剖面图。

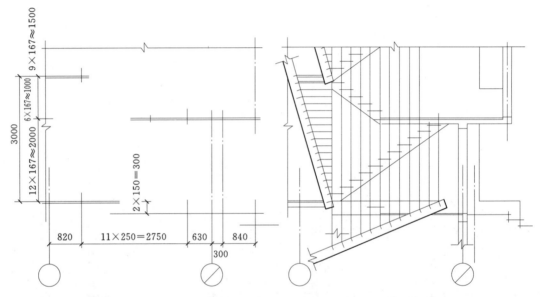

(a)画出图中所需的定位轴线和各层楼地面与平台面、楼地板面与平台板面以及各楼段的位置

(b)利用等分线，在楼地板面之间定各楼段的高，在楼段位置内定各楼段的宽，画出梁、板、室内台阶、墙身、门窗洞、外墙面等主要轮廓线

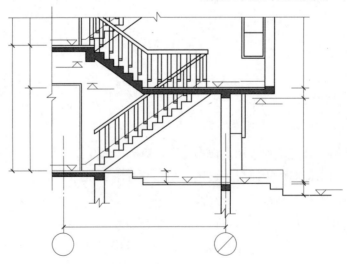

(c)画出细部和图例、绘注尺寸、符号、编号等，按规定线型上墨或铅笔描深

图 4.6.9 楼梯剖面图绘图步骤

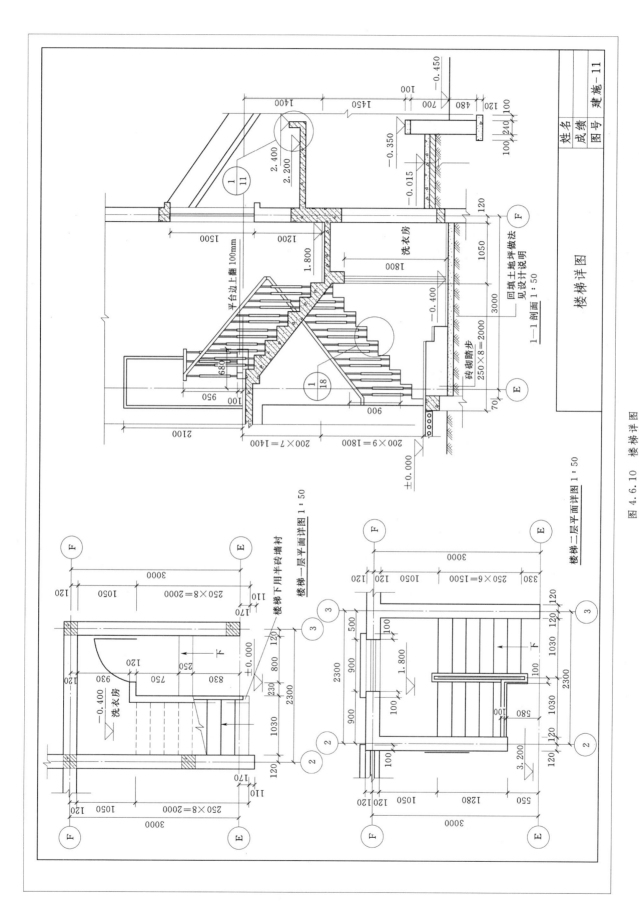

图 4.6.10 楼梯详图

项目四 建筑施工图的识读与手工绘制

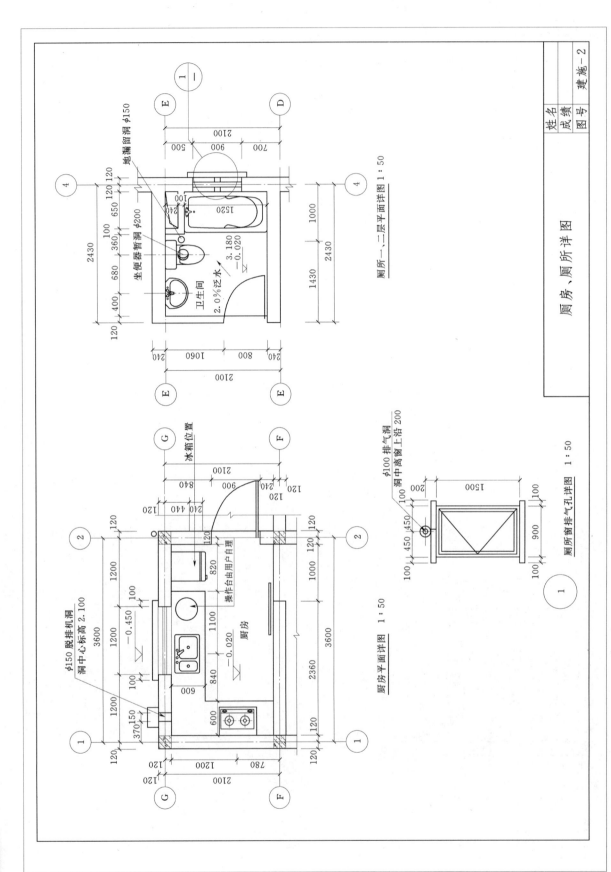

厨房、厕所详图

图 4.6.11　厨房、厕所详图

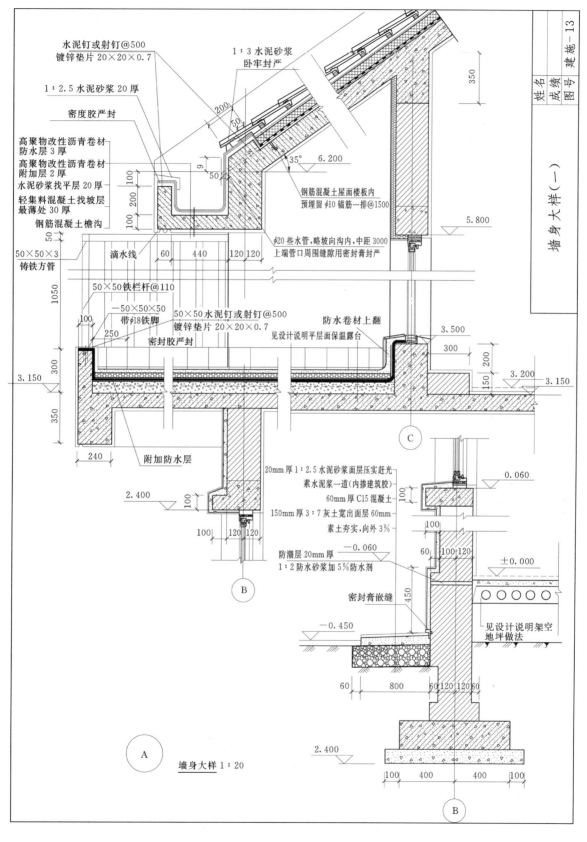

水泥钉或射钉@500
镀锌垫片 20×20×0.7

1：3 水泥砂浆
卧牢封严

1：2.5 水泥砂浆 20 厚

密度胶严封

高聚物改性沥青卷材
防水层 3 厚
高聚物改性沥青卷材
附加层 2 厚
水泥砂浆找平层 20 厚
轻集料混凝土找坡层
最薄处 30 厚
钢筋混凝土檐沟

50×50×3
铸铁方管

滴水线

50×50铁栏杆@110

—50×50×50
带φ18铁脚
50×50水泥钉或射钉@500
镀锌垫片 20×20×0.7
密封胶严封

钢筋混凝土屋面楼板内
预埋留φ10锚筋一排@1500

φ20 些水管,略坡向沟内,中距 3000
上端管口周围缝隙用密封青封严

防水卷材上翻
见设计说明平层面保温露台

附加防水层

20mm 厚1：2.5 水泥砂浆面层压实赶光
素水泥浆一道(内掺建筑胶)
60mm 厚 C15 混凝土
150mm 厚 3：7 灰土宽出面层 60mm
素土夯实,向外 3%

防潮层 20mm 厚
1：2 防水砂浆加 5％防水剂

密封膏嵌缝

见设计说明架空
地坪做法

A 墙身大样 1：20

B

C

B

350

6.200

5.800

35°

3.500
300

3.200
3.150

0.060

−0.060

±0.000

−0.450

2.400

2.400

图 4.6.12　墙身大样（一）

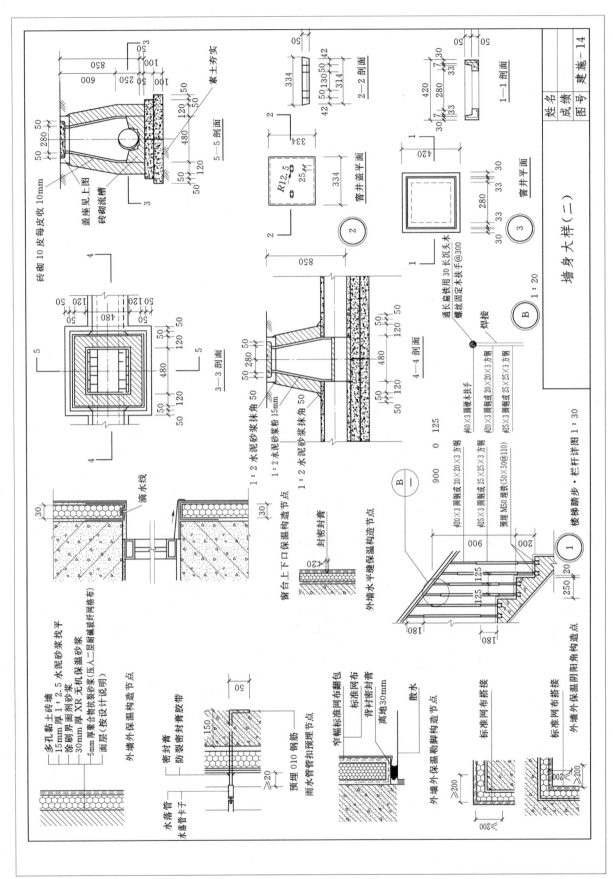

图 4.6.13 墙身大样（二）

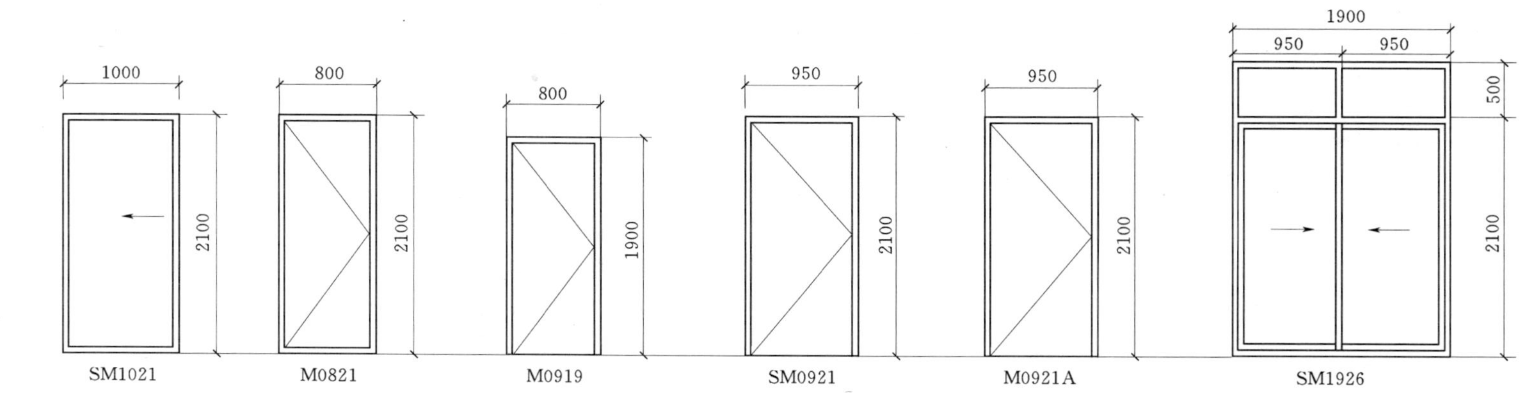

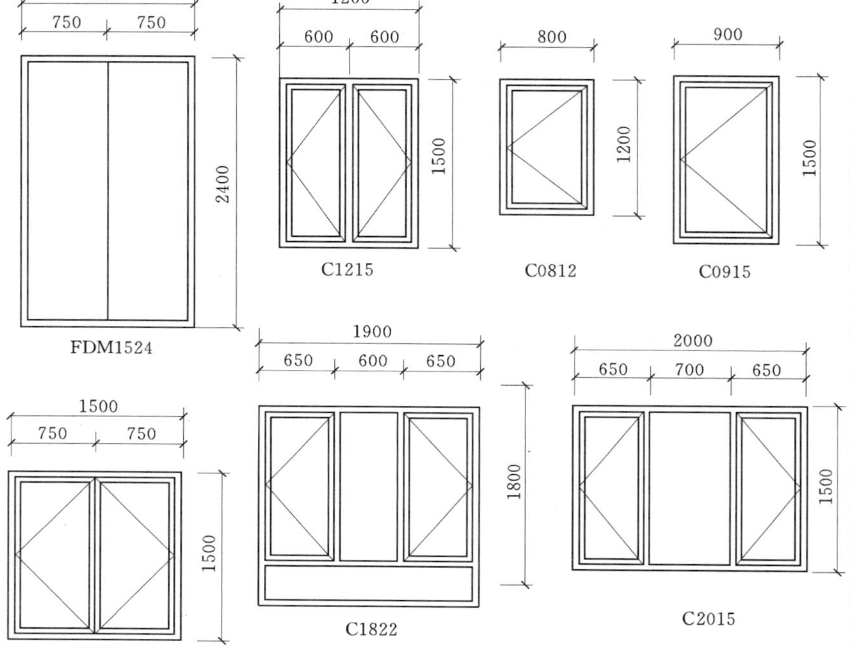

图 4.6.14 门窗详图

门窗详图、门窗数量表

门 窗 数 量 表

类型		设计编号	洞口尺寸(mm)	数量	一层	二层	备注
门		SM1021	1000×2100	1	1		塑钢平移门
		SM1926	1900×2600	1		1	塑钢平移门
		SM0921	950×2100	1	1		塑钢平开门(右开)
		M0821	800×2100	2	1	1	厕所间木门(右开)
		M0819	800×1900	2	1	1	储藏间木门(右开)
		M0921A	950×2100	3	1	2	木门(右开)
		M0921B	950×2100	2	1	1	木门(左开)
双扇门		FDM1524	1500×2400	1	1		钢防盗分户门
窗		C1215	1200×1500	2	2		塑钢平开窗
		C0915	900×1500	3	1	2	塑钢平开窗
		C1515	1500×1500	2	1	1	塑钢平开窗
		C2015	2000×1500	3	1	2	塑钢平开窗
		C0812	800×1200	1	1		塑钢平开窗
		C1822	1900×1800	1	1		塑钢平开窗

姓名			
成绩			
图号		建施-15	

项目四 建筑施工图的识读与手工绘制

评价等级	评价内容及标准
优秀（90～100分）	图面布局得当整洁，文字书写工整，图线符合线宽组要求，图纸表达符合制图深度要求，建筑符号应用恰当，尺寸标注规范，作图迅速，自觉完成任务
良好（80～89分）	图面布局得当整洁，文字书写基本工整，图线基本符合线宽组要求，图纸表达符合制图深度要求，建筑符号应用恰当，尺寸标注规范，作图较好，自觉完成任务
中等（70～79分）	图面布局适中，图面较整洁，文字书写适中，图线基本符合线宽组要求，建筑符号应用基本正确，尺寸标注完整，作图速度适中，自觉完成任务
及格（60～69分）	图面布局一般，图面较整洁，文字书写适中，图线基本符合线宽组要求，建筑符号应用基本正确，尺寸标注较完整，作图速度一般，按时完成任务

 课后讨论与练习

1. 建筑详图的种类有哪几种？

2. 建筑详图符号和对应的索引符号有哪几种？

3. 楼梯详图的绘图步骤是怎样的？

 项目综合练习

建筑施工图的识读与绘制技能综合练习

【任务内容与要求】

某单层平屋顶建筑平面图如图4.1所示。其中，窗洞口高度取2.0m，窗台距离地面0.9m，门洞口高度和窗洞口上方平齐，门窗洞口上方距离屋顶挑檐0.4m，屋顶挑檐高取0.5m，挑檐距离墙面宽0.6m。室外每个台阶高150m。请根据图示信息，用A3图幅的图纸绘制：

（1）该建筑的南立面图、西立面、东立面、北立面。

（2）1—1剖面图。

绘图比例自定。

【任务评价关键点】

（1）图样内容是否表达正确。

（2）图纸布置是否均匀、比例运用是否合理。

（3）图线粗细运用是否合理。

（4）尺寸标注位置是否合理、标注是否正确规范。

（5）定位轴线位置运用是否合理正确。

（6）图名书写是否规范，位置是否合理。

【绘制建筑施工图的步骤及方法】

（1）准备好绘图工具和图纸。

（2）熟悉房屋的概况、确定图样比例和数量。

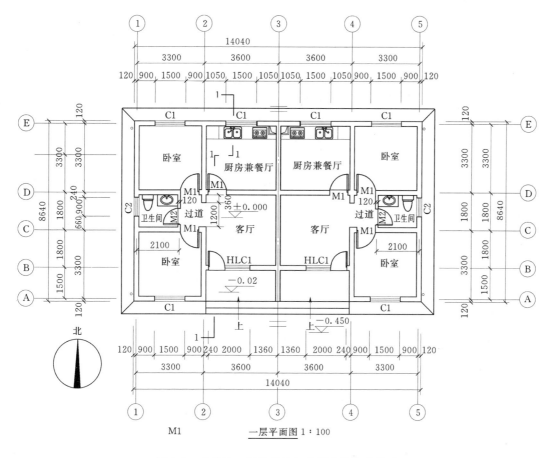

图 4.1　建筑施工图的识读与绘制技能综合练习

（3）合理布置图面，避免挤在图纸一角或一侧或空白很多。

（4）用 2H 铅笔按绘图步骤打底稿。

相同方向、相同线型尽可能一次画完，以免三角板、丁字尺来回移动。

（5）检查无误后，用 2B 铅笔加深图样中的粗线。

铅笔加深或描图顺序：先画上部，后画下部；先画左边，后画右边；先画水平线，后画垂直线或倾斜线；先画曲线，后画直线。

（6）用 HB 铅笔注写尺寸、图名、比例和各种符号等。

（7）清洁图面，擦去不必要的作图线和脏痕。

（8）填写标题栏，完成图样。

建筑施工图的识读技能综合练习拓展

【任务内容与要求】

自找一套实际工程建筑施工图阅读。要求搞清建筑施工图图纸之间的关系。并搞清建筑施工图图纸的数量、工程名称、地点、层数等基本信息。

【任务实施关键点】

（1）首先看图纸目录和设计说明。

（2）依照图纸顺序通读一遍。

（3）分专业读图，深入仔细阅读。对于建筑施工图来说，先平、立、剖等基本图，后详图；注意有关图纸联系起来阅读，了解它们之间的关系，建立完整准确的工程概念。

项目五 建筑透视图的绘制

任务一 一点透视的绘制

任务目标

（1）了解一点透视的原理。

（2）掌握用一点透视画形体的一般方法与步骤。

任务内容和要求

如图 5.1.1 所示为某一组合体，图 5.1.2 为该组合体正立面图和平面图，图 5.1.3 中表明了人与组合体的位置关系，s 为人站的位置，$h-h$ 为视高，请画出该组合体一点透视图。

要求：步骤方法正确，图纸整洁清晰，图线粗细分明合理。

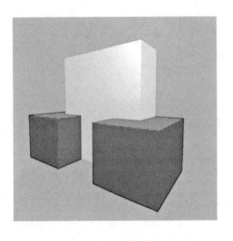

图 5.1.1 某组合体两点透视图

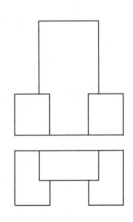

图 5.1.2 某组合体正立面图、平面图

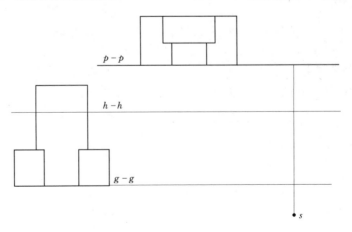

图 5.1.3 某组合体一点透视的绘制

任务实施

第一步：分析题目，了解题意

作透视图时，给定的已知条件往往是形体的水平投影和正立面投影。图 5.1.3 所示也只是任务中的水平投影和正立面投影上下位置已互相调换，作图并不受影响。

作一点透视时，为保证作图效果及方便作图，我们在选择画面与物体的相对位置时，画面与物体最前主立面保持平行或重合；在选择站点 S 时，保证视距为画面宽度的 $1.5 \sim 2.0$ 倍，站点 S 在物体的一侧；选择视高时——根据透视效果具体需要可高可低，本题选择两上底面之间。

关于站点 S、视距、视高的概念及在图中的表达如图 5.1.4 和图 5.1.5 所示。

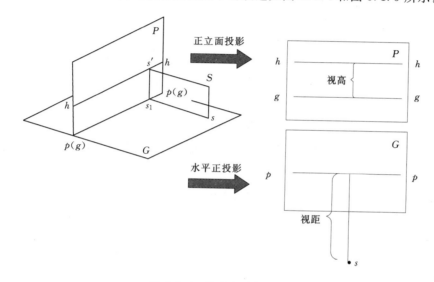

图 5.1.4　带边框的投影图

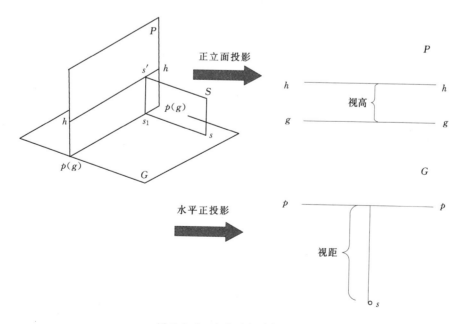

图 5.1.5　去掉边框的投影图

透视图即透视投影，在物体与观者之位置间，假想有一透明平面，观者对物体各点射出视线，与此平面相交之点相连接，所形成的图形，称为透视图。透视图的形成及术语如图 5.1.6 所示。

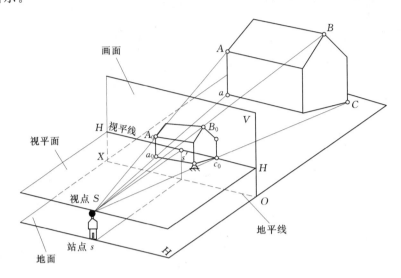

图 5.1.6　透视图的形成及术语

画面：透视所在的平面，相当于上述观察者与被观察的建筑形体之间所设立的假想透明平面，用字母 P 表示。本书未作特殊注明处，画面 P 始终假定处于铅垂位置。

视点：视点的位置相当于观察者眼睛所在的位置，用字母 S 表示。

画面、视点、建筑形体，是形成建筑透视图的 3 个基本要素。

基面：放置建筑物的水平面，相当于三面正投影体系中的 H 投影面。因而，也可以将绘有建筑平面图的 H 投影面理解为基面，用字母 G 表示。

站点：观察者站定的位置，站点实质上是视点 S 在基面 G 上的正投影 s。

视高：视点 S 与站点 s 之间的高度，用 Ss 或 H 表示。视高 Ss 接近人体的高度时，称为正常视高；视高 Ss 远大于建筑形体的高度时，称为高视高，根据高视高形成的透视图，称为鸟瞰图。

视线：由视点 S 至空间点之间的连线，如图中的 SA。

基线：画面 P 与基面 G 的交线，用字母 gg 表示。

心点：视点 S 在画面 P 上的正投影，用字母 s° 表示。

主视线：发自视点并垂直于画面 P 的视线，也就是视点 S 与心点 s° 间的连线 Ss° 的长度。

视平线：水平视平面与画面 P 的交线，用字母 hh 表示，心点 s° 必然在视平线 hh 上。视平线 hh 与基线 gg 之间的距离反映视高 H。

透视：A 是空间一点，SA 是引自视点 S 并过 A 点的视线。根据形成透视的原理，视线 SA 与画面 P 的交点 A°，称为空间点 A 在画面 P 上的透视。

基透视：点 A 在基面上的正投影 a，叫做点 A 的基点；基点 a 在画面 P 上的透视 a°，叫做 A 点的基透视。

第二步：找灭点（消失点）

如图 5.1.7 所示，直接过 S 作竖直线，与 $h-h$ 视平线的交点 s' 即为所求。

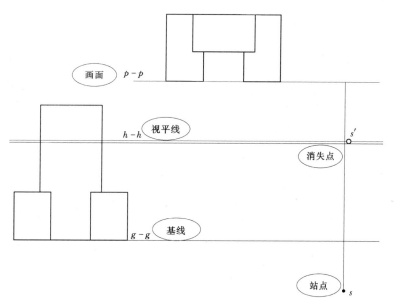

图 5.1.7 找灭点（消失点）

第三步：绘制平面透视图

如图 5.1.8 所示。

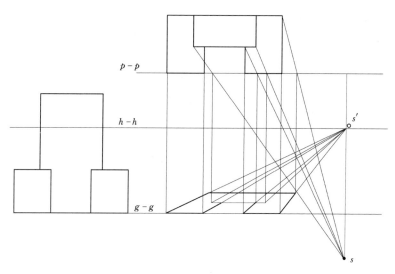

图 5.1.8 绘制平面透视图

第四步：绘制画面上物体高度

利用真高线求得透视方向和透视高度，如图 5.1.9 所示。

位于画面上的投影线高度能反映物体真实高度，称之为真高线。

第五步：绘制画面后物体，绘制两个基本体之间的交线

如图 5.1.10 所示。

第六步：加深可见轮廓线

如图 5.1.11 所示。

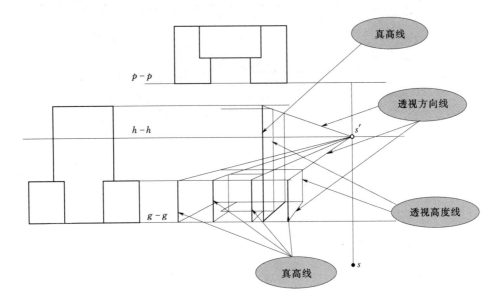

图 5.1.9　绘制画面上物体高度

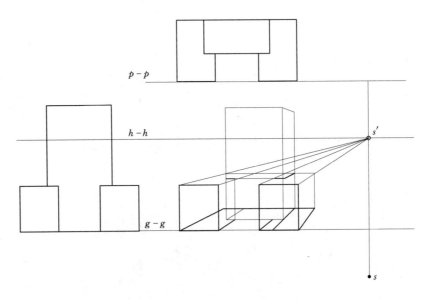

图 5.1.10　绘制交线

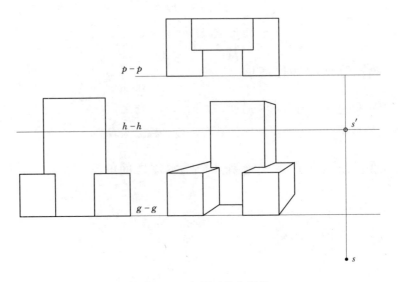

图 5.1.11　加深可见轮廓线

新编建筑制图

评价等级	评价内容及标准
优秀（90～100分）	不需要他人指导，能按照形体投影摆放位置，正确运用一点透视灭点、视高等准确表达图样，透视方向线位置正确合理，透视轮廓图线与辅助作图线粗细区分合理、清晰，图面整洁，布局合理，作图完整迅速，并能指导他人完成任务
良好（80～89分）	不需要他人指导，能按照形体投影摆放位置，正确运用一点透视灭点、视高等准确表达图样，透视方向线位置正确合理，透视轮廓图线与辅助作图线粗细区分合理、清晰，图面整洁，布局较为合理，作图比较完整和迅速
中等（70～79分）	在他人指导下，能按照形体投影摆放位置，正确运用一点透视灭点、视高等准确表达图样，透视方向线位置正确合理，透视轮廓图线与辅助作图线粗细区分合理、清晰，图面整洁
及格（60～69分）	在他人指导下，能正确运用一点透视灭点、视高等准确表达图样，透视方向线位置正确合理。透视轮廓图线大部分正确

 课后讨论与练习

　　根据给定的纪念碑水平投影和立面投影，自己确定站点和视高，完成图 5.1.12 的一点透视图，并找出透视图中的真高线。

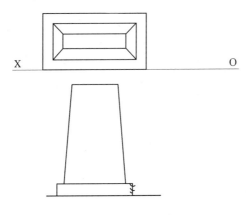

图 5.1.12　纪念碑

 知识与技能链接

1. 透视的种类及应用

（1）一点透视。

　　物体的两组线，一组平行于画面，另一组水平线垂直于画面，聚集于一个消失点，也称平行透视。一点透视表现范围广，纵深感强，适合表现庄重、严肃的室内空间。在街景表现中也常用。缺点是比较呆板，与真实效果有一定距离（图 5.1.13）。

（2）两点透视。

　　物体有一组垂直线与画面平行，其他两组线均与画面成一角度，而每组有一个消失

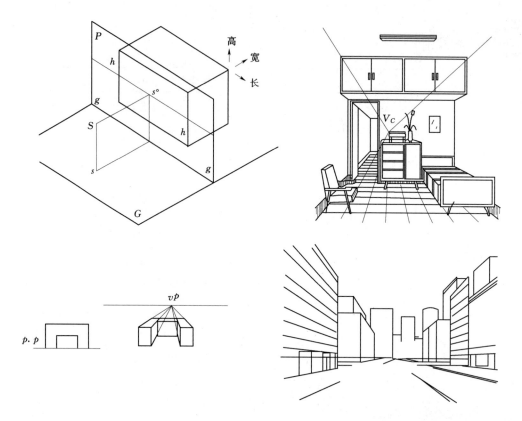

图 5.1.13　一点透视及应用

点，共有两个消失点，也称成角透视。两点透视图面效果比较自由、活泼，能比较真实地反映空间。缺点是，如果角度选择不好容易产生变形（图 5.1.14）。

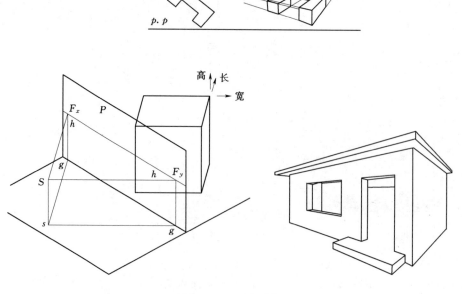

图 5.1.14　两点透视

（3）三点透视。

物体的三组线均与画面成一角度，三组线消失于三个消失点，也称斜角透视。三点透视多用于高层建筑透视（图 5.1.15）。

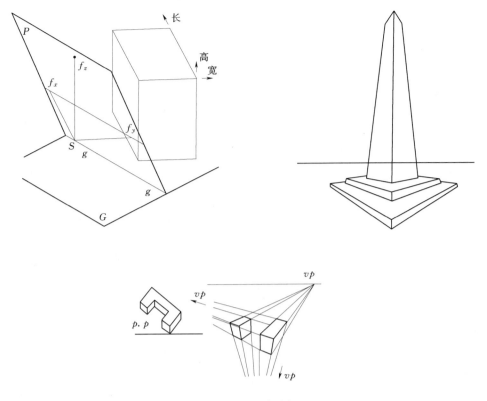

图 5.1.15　三点透视

2. 透视的基本规律

（1）凡是和画面平行的直线，透视亦和原直线平行。凡和画面平行、等距的等长直线，透视也等长。如图 5.1.16 所示，$AA' \parallel aa'$，$BB' \parallel bb'$；$AA' = BB'$，$aa' = bb'$。

（2）凡在画面上的直线的透视长度等于实长。当画面在直线和视点之间时，等长相互平行直线的透视长度距画面远的低于距画面近的，即近高远低现象。当画面在直线和视点之间时，在同一平面上，等距，相互平行的直线透视间距，距画面近的宽于距画面远的，即近宽远窄。

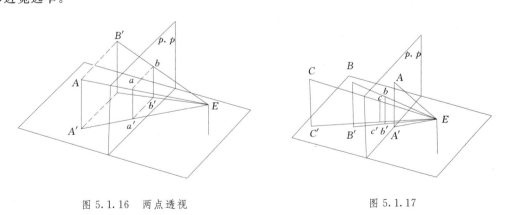

图 5.1.16　两点透视　　　　　　　　图 5.1.17

如图 5.1.17 所示，AA' 的透视等于实长；$cc' < bb' < AA'$；cc' 和 bb' 的间距小于 bb' 和 AA' 的间距。

（3）画面的交点——消失点。和画面不平行的相互平行直线透视消失到同一点。

如图 5.1.18 所示，AB 和 $A'B'$ 延长后夹角 $\theta_3 < \theta_2 < \theta_1$，两直线透视消失于 V 点，$AB \parallel A'B'$。

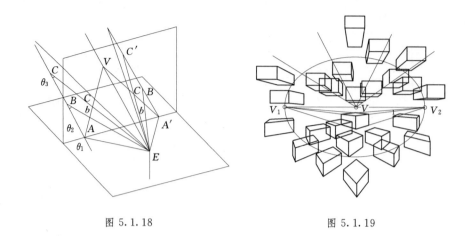

图 5.1.18 图 5.1.19

3. 透视的影响因素

（1）透视的角度。

人类的眼睛并非以一个消失点或两个消失点看东西，有时没有消失点，有时借用很多消失点看东西。这和照相机的光镜一样，由焦点调整法有时会使前面东西模糊不清，应该看到的东西却变成盲点。绘画和电影则是进行调整，把视觉上的特征有效地表现出来。透视画也应如此作适当的调整，否则就会出现失真现象。

如图 5.1.19 所示，用两个消失点 V_1、V_2 的距离作为直径画圆形。越近于圆中心的，越看得自然，越远的越不自然，离开圆形，位于外侧的，使人看不出它是正方形和正六面体。平行透视法尽量限定对象物并设定其相近 V，有角透视法，要把对象纳入 V_1、V_2 的内侧来画，若要脱离这种规则，需要做若干地调整。

（2）视角。

在画透视图时，人的视野可假设为以视点 E 为顶点圆锥体，它和画面垂直相交，其交线是以 CV 为圆心的圆，圆锥顶角的水平，垂直角为 60°，这是正常视野作的图，不会失真。在平面图上，在视角为 60° 范围以内的立方体，球体的透视形象真实，在此范围以外的立方体，球体失真变形（图 5.1.20、图 5.1.21）。

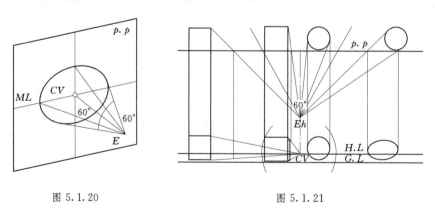

图 5.1.20 图 5.1.21

（3）视距。

如图 5.1.22～图 5.1.24 所示。建筑物与画面的位置不变，视高已定，在室内一点透视图中，当视距近时，画面小；当视距远时，画面大。

在立方体的两点透视中，当视距近时，消失点 Vx、Vy 距离较小；当视距远时，Vx'、Vy' 距离大。即视距越近，立方体的两垂直面缩短越多，透视角度越陡。

建筑物与视点的位置不变，视高已定，若视距近（En 和 $P.P$ 的距离），则两消失点的间距亦小，透视图形小；若视距远（En 和 $P'P'$ 的距离），则两消失点的间距大，透视图形大，两图形相似。

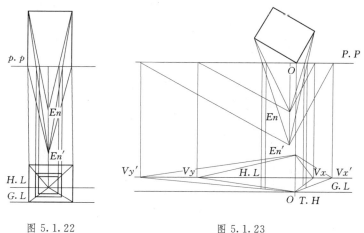

图 5.1.22   图 5.1.23

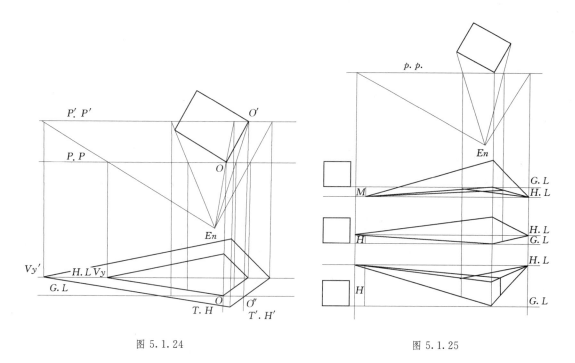

图 5.1.24   图 5.1.25

（4）视高。

建筑物、画面、视距不变，视点的高低变化使透视图形产生仰视图、平视图和俯视图及鸟瞰图。视高的选择直接影响到透视图的表现形式与效果。如图 5.1.25 所示，上为仰视图，中为平视图，下为俯视图（鸟瞰图）。

4. 透视图形的角度

画面，视点的位置不变，立方体绕着它和画面相交的一垂边旋转，旋转不同角度所成的透视图形。如图 5.1.26 所示，1 和 5 为立方体的一垂面和画面平行，透视只有一个消失点，在画面上的面的透视为实形。2、3 和 4 为立方体的垂面和画面倾斜，透视图有两个消失点。若垂面和画面交角较小时，则透视角度平缓，交角较大时，则透视角度较陡。

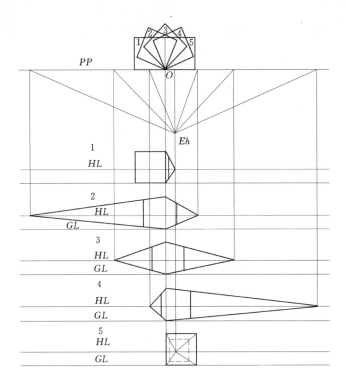

图 5.1.26

5. 透视视线法的画法

【例1】 已知某立方体的平面、立面和视点的位置。求该立方体的透视图。

作法如图 5.1.27 所示。

（1）根据已知条件，在图纸上画出 HL、GL 和其间距 H。

（2）自视点 En 作 OX、OY 的平行线，与 PP 相交，交点引垂线，求得 Vx、Vy 两消失点。

（3）立方体的一垂边 OA 在画面上，其透视等于实长。自 En 向 ABCD 点连线在画面 PP 上交点，由 PP 上的交点作垂线，引 OA＝OA′。

（4）自 O、A 向 Vx、Vy 连线求得 BB′、DD′。

（5）D 点、B 点分别向 Vx、Vy 连线求出 C 点，即可求出立方体透视

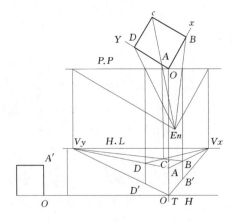

图 5.1.27

【例2】 已知某形体的立面、平面及视点，求该形体透视。

如图 5.1.28，先求出 Vx、Vy，可得形体 I 的透视，连接 OA 求出 OA 的透视消失点

V_1，过 TH 量高线间接量出 II 的透视高度，求出 II 的形体透视。

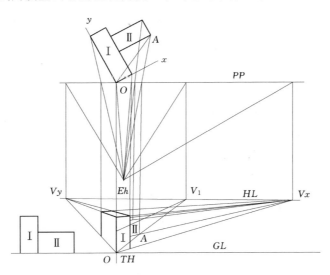

图 5.1.28

任务二　两点透视的绘制

 任务目标

（1）了解两点透视的原理。

（2）掌握用两点透视画形体的一般步骤与方法。

任务内容和要求

请用视线法绘制图 5.2.1 中房子的两点透视图。

要求：步骤方法正确，比例运用正确，图线粗细分明合理。

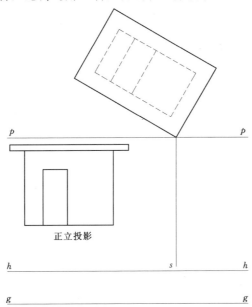

图 5.2.1　绘制平屋顶房子的两点透视

第一步：分析题目，了解题意

选择画面与物体的相对位置、选择站点与物体的相对位置、选择视高与物体的相对位置，如图 5.2.2 所示。

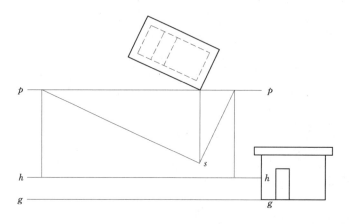

图 5.2.2　相对位置的选择

第二步：绘制屋顶透视图

如图 5.2.3 所示。注意屋顶部分真高线的选取应用。

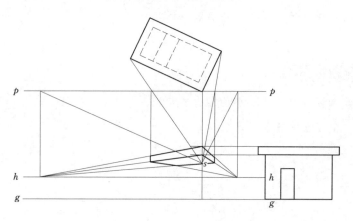

图 5.2.3　绘制屋顶透视图

第三步：绘制房屋墙体外轮廓

如图 5.2.4 所示。注意墙体部分的真高线选取和应用。

第四步：绘制门洞口

如图 5.2.5 所示。

第五步：加深可见轮廓线

如图 5.2.6 所示。

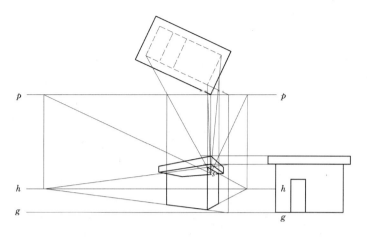

图 5.2.4　绘制房屋墙体外轮廓

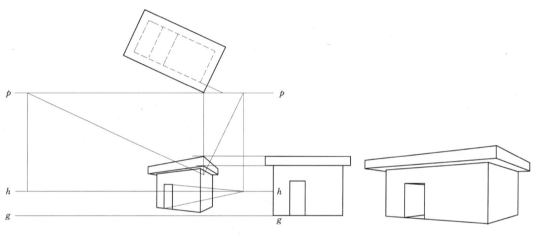

图 5.2.5　绘制门洞口　　　　　　　　　图 5.2.6　加深可见轮廓线

 任务评价

评价等级	评价内容及标准
优秀（90～100分）	不需要他人指导，能按照形体投影摆放位置，正确运用两点透视灭点、视高等准确表达图样，透视方向线位置正确合理，透视轮廓图线与辅助作图线粗细区分合理、清晰，图面整洁，布局合理，作图完整迅速，并能指导他人完成任务
良好（80～89分）	不需要他人指导，能按照形体投影摆放位置，正确运用两点透视灭点、视高等准确表达图样，透视方向线位置正确合理，透视轮廓图线与辅助作图线粗细区分合理、清晰，图面整洁，布局较为合理，作图比较完整和迅速
中等（70～79分）	在他人指导下，能按照形体投影摆放位置，正确运用两点透视灭点、视高等准确表达图样，透视方向线位置正确合理，透视轮廓图线与辅助作图线粗细区分合理、清晰，图面整洁
及格（60～69分）	在他人指导下，能正确运用两点透视灭点、视高等准确表达图样，透视方向线位置正确合理。透视轮廓图线大部分正确

1. 根据图 5.2.7 所示条件确定站点绘制两点透视图，并找出透视图中的真高线。

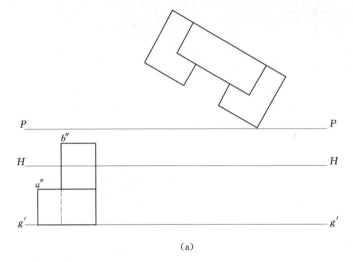

(a)

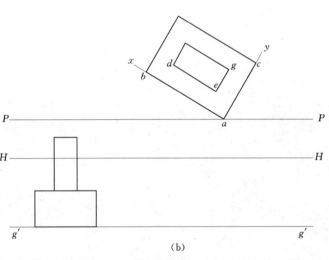

(b)

图 5.2.7

2. 确定站点和视高，完成图 5.2.8 的两点透视图，并找出透视图中的真高线。

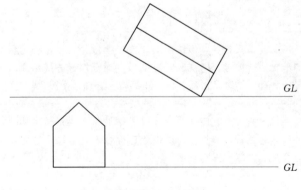

图 5.2.8

项目六 计算机 AutoCAD 绘图

任务一 平面图形的计算机 AutoCAD 绘制

任务目标

（1）掌握计算机 AutoCAD 基本绘图命令操作。

（2）掌握计算机 AutoCAD 编辑修改命令操作。

任务内容和要求

使用计算机 AutoCAD 抄绘如图 6.1.1 所示平面图形。

要求：步骤方法正确，图线位置准确，图线粗细表达合理。

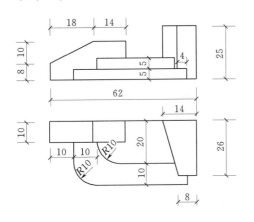

(a)

(b)

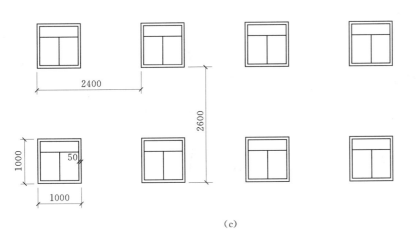

(c)

图 6.1.1 AutoCAD 抄绘平面图形

 **任务实施**

第一步：熟悉 AutoCAD 经典操作界面和命令进入方式

如图 6.1.2 所示。

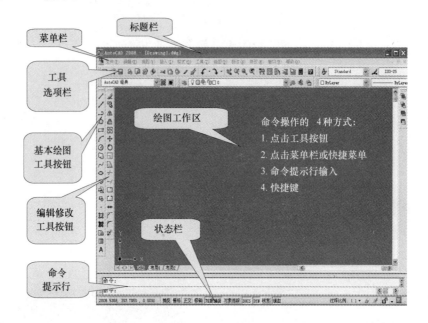

图 6.1.2　AutoCAD 经典用户界面

（1）标题栏：显示 AutoCAD 的版本和打开的文件。AutoCAD 文件的保存以".dwg"后缀保存。保存过程中注意保存版本类型的选择，如图 6.1.3 所示。高版本 AutoCAD 软件的可打开低版本的文件，反之打不开。

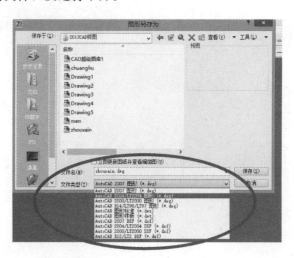

图 6.1.3　AutoCAD 文件的保存

（2）菜单栏：实现命令操作。

（3）工具选项栏：类同 WORD 软件中常用的工具选项，操作直观方便。调用时可以在工具选项栏的空白处右击鼠标后，如图 6.1.4 所示单击选用。

（4）基本绘图工具按钮：绘制基本几何元素如线、矩形、等边形、圆形圆弧等，操作直观方便。

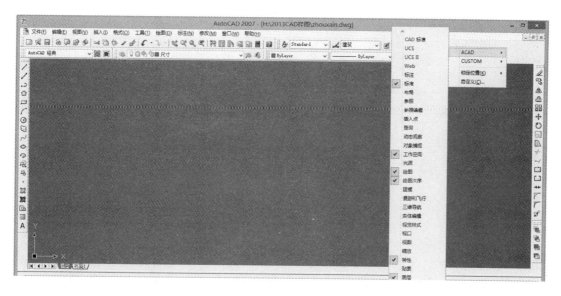

图 6.1.4 工具选项栏的调用——在工具选项栏的空白处右击后选用

（5）编辑修改工具按钮：对基本几何元素如线、矩形、等边形、圆形圆弧等进行复制、修剪等各种编辑修改，操作直观方便。

（6）命令提示行：对初学者非常有用。在操作过程中给定命令后可以根据命令提示行进行下一步的操作。同时，还可以通过键盘输入相应的操作命令（英文）实现操作；当需要输入数值参数时，可以通过键盘输入。

（7）状态栏：可以在操作过程中随时单击打开或关闭，以保证精确作图。

状态栏在打开的状态下可以通过右击对准确作图需要的选项或参数进行设置。

（8）AutoCAD 的命令进入方式：

如图 6.1.5 所示。根据需要和个人习惯而定，以下命令进入方式都可以：

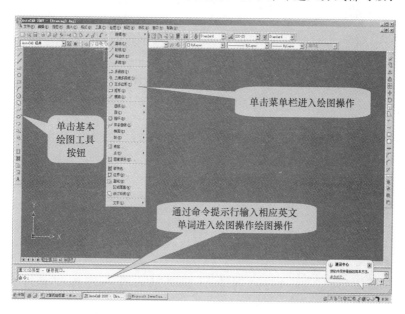

图 6.1.5 AutoCAD 的命令进入方式

1）点击工具按钮。

2）通过键盘在命令提示行输入相应快捷命令，见表 6.1.1。

3）单击菜单进入。

4）右击选择进入。

表 6.1.1

序号	图标	命令	快捷键	命令说明
1		LINE	L	画线
2		XLINE	XL	参照线
3		MLINE	ML	多线
4		PLINE	PL	多段线
5		POLYGON	POL	多边形
6		RECTANG	REC	绘制矩形
7		ARC	A	画弧
8		CIRCLE	C	画圆
9		SPLINE	SPL	曲线
10		ELLIPSE	EL	椭圆
11		INSERT	I	插入图块
12		BLOCK	B	定义图块
13		POINT	PO	画点
14		HATCH	H	填充实体
15		REGION	REG	面域
16		MTEXT	MT，T	多行文本
17		ERASE	E	删除实体
18		COPY	CO，CP	复制实体

第二步：模仿完成 [例1]～[例4]，熟悉基本命令操作，并注意视图的显示、平移运用

【例1】 绘制如图 6.1.6 中的直线 AB，长度 200mm，水平夹角为 38°，起点 A 位于十字直线的交叉点处。

步骤一：观察分析后，进入直线绘制操作，如图 6.1.7 所示。

步骤二：根据命令提示行通过单击左键，实现水平线和垂直线的绘制，通过单击鼠标右键，点击"确认"结束直线绘制，如图 6.1.8 所示。

步骤三：开始准确绘制 AB 直线。打开"对象捕捉"并进行捕捉点的设置，如图 6.1.9 所示。

步骤四：如图 6.1.10 所示，移动鼠标寻找当水平线和垂直线交点附近出现捕捉点"交点"标记。

步骤五：在命令提示行内单击鼠标左键，并输入如图 6.1.11 所示的相对极坐标的格式："@200＜38"，回车后单击鼠标右键，点击"确认"结束。

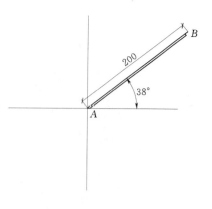

图 6.1.6

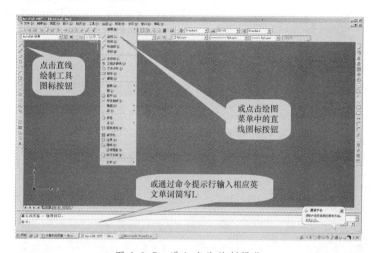

图 6.1.7　进入直线绘制操作

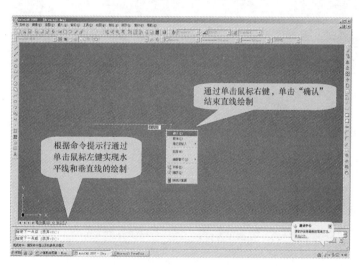

图 6.1.8　水平直线绘制

注意：

（1）绘制一定长度和角度的直线时，用相对极坐标的输入方式：@长度＜角度，其中，长度值是相对于前一个点的相对值，角度是相对于水平向右方向的值，逆时针为正值，顺时针为负值。

（2）绘图过程中注意状态栏的使用，以便保证作图的准确性。

（3）命令输入行输入绘图命令时，注意快捷键的使用。

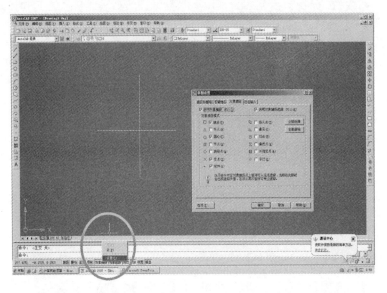

图 6.1.9　打开"对象捕捉"并进行捕捉点的设置

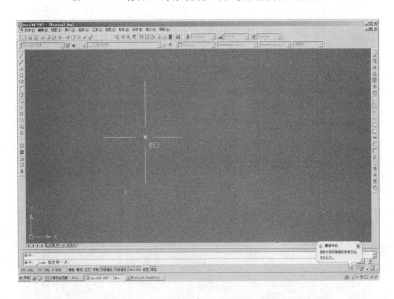

图 6.1.10　在交点附近移动鼠标寻找准确的交点标记

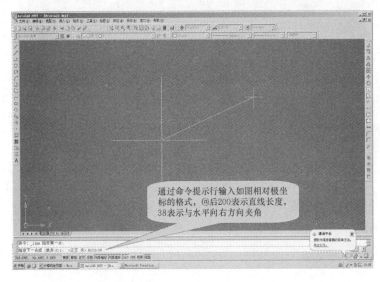

通过命令提示行输入如图相对极坐标的格式，@后200表示直线长度，38表示与水平向右方向夹角

图 6.1.11　在命令提示行内输入直线相对极坐标后，回车确认完成

【例2】 绘制如图 6.1.12 箭头图形。其中，细线长为 450mm，三角形长为 200mm。

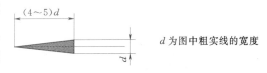

d 为图中粗实线的宽度

图 6.1.12　箭头的绘制

步骤一：观察分析后，进入多段线绘制操作，和直线绘制进入方式类似。

步骤二：先绘制箭头的细实线部分。根据命令提示行选择需要的选项，并输入相应的选项字母代号，这里输入长度选项代号"L"，如图 6.1.13 所示。

图 6.1.13　根据命令提示行选择需要的选项

步骤三：回车，根据命令提示行输入相应的长度值 200，回车。接着是开始绘制箭头的三角形部分。根据命令提示行选择需要的选项，并输入相应的选项字母代号，这里输入宽度选项代号"W"，如图 6.1.14 所示。

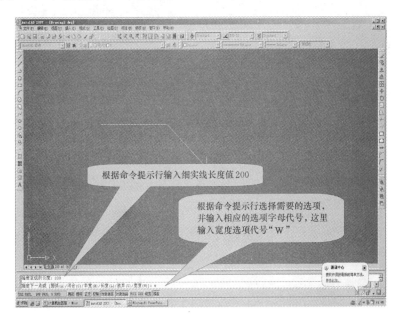

图 6.1.14　根据命令提示行选择需要的选项并输入数值

步骤四：回车，根据命令提示行输入箭头三角形起始宽度值100，如图 6.1.15 所示。

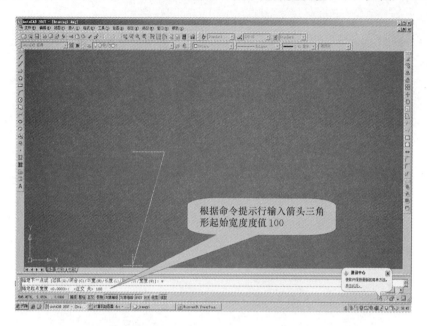

图 6.1.15　根据命令提示行选择需要的选项并输入数值

步骤五：回车，根据命令提示行输入箭头三角形结束宽度值 0，如图 6.1.16 所示。

图 6.1.16　根据命令提示行选择需要的选项并输入数值

步骤六：回车。根据命令提示行选择需要的选项，并输入相应的选项字母代号，此时，输入三角形长度选项代号"L"，如图 6.1.17 所示。

步骤七：回车。根据命令提示行输入三角形部分的长度值 450mm。回车。点击鼠标右键"确认"结束，如图 6.1.18 所示。

注意：

(1) 规范绘制箭头时，三角形部分的长度值为三角形最大宽度值的 4～5 倍。

(2) 多段线  常用于绘制不断发生粗细变化或直曲变化的图线，如箭头符号等。

【例3】　绘制如图 6.1.19 五角星图形。

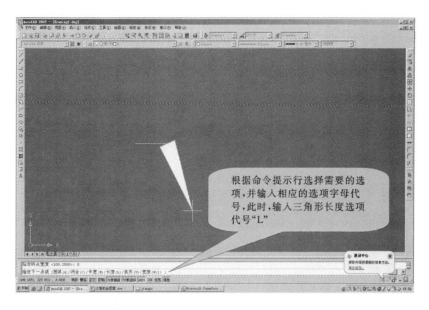

图 6.1.17　根据命令提示行选择需要的选项并输入数值

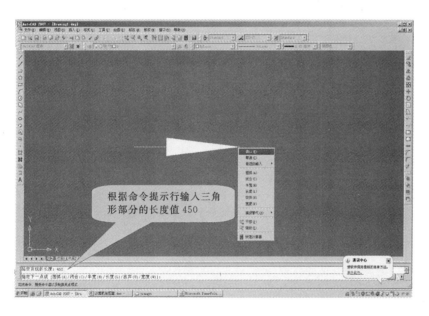

图 6.1.18　根据命令提示行选择需要的选项并输入数值完成作图

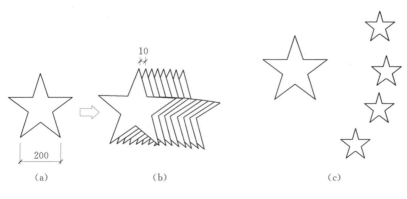

图 6.1.19　五角星图形

步骤一：观察分析后，为作出五角星，先用正多边形准确绘制五边形，如图 6.1.20（a）所示。打开状态栏的【对象捕捉】设置交点后，用直线准确连接，如图 6.1.20（b）所示。

步骤二：如图 6.1.20（c）所示，利用【修剪】命令修剪五角星内部线段。修剪方法如图 6.1.21 所示。

步骤三：删除五边形。即完成如图 6.1.21（d）所示五角星。

步骤四：利用【偏移】命令，重复偏移和修剪，完成如图 6.1.19（b）所示。

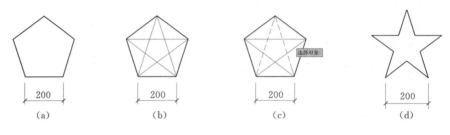

图 6.1.20　五角星图形的绘制

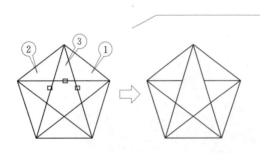

图 6.1.21　五角星图形的修剪

注意：可以用于直线或曲线的偏移，如绘图中的定位轴线；还可以用于图形的偏移，如图 6.1.22 所示。

图 6.1.22　偏移命令的使用

步骤五：如图 6.1.23 所示，利用【复制】和【缩放】命令，根据命令提示行，选定基点和输入缩放比例因子，完成如图 6.1.19（c）所示。

【例 4】　绘制发光的五角星，并填充相应的颜色，如图 6.1.24 所示。

步骤一：观察分析后，利用例 3【复制】出一个五角星。

步骤二：打开状态栏的【对象捕捉】和【对象追踪】，用直线连接五角星各点。

利用五角星辅助圆的方式，打开状态栏的【对象捕捉】设置圆心后，在五角星轮廓外边绘制出一条穿越五角星中心的短直线作为发光线，如图 6.1.25（a）所示。

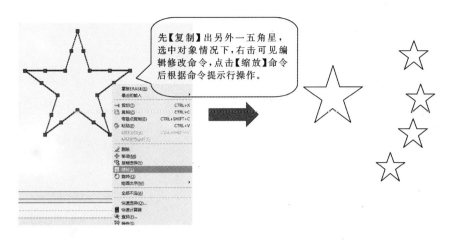

图 6.1.23　复制和缩放命令的使用

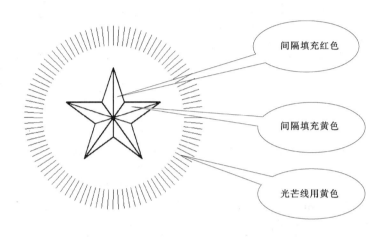

图 6.1.24　发光的五角星

步骤三：利用【阵列】中的"环形阵列"对话框进行参数设置，如图 6.1.25（b）所示，绘制出如图 6.1.25（c）所示的图形。

步骤四：利用【图案填充】"渐变色"选项对话框中，设置填充相应的颜色。选择选取边界的"添加拾取点"，以选择边界。如图 6.1.26 和图 6.1.27 所示。

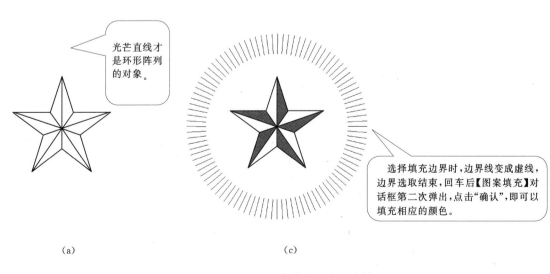

（a）　　　　　　　　　　　　（c）

图 6.1.25（一）　发光的五角星绘制

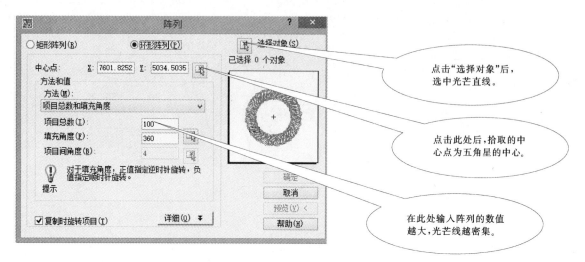

（b）阵列命令中环形阵列对话框

图 6.1.25（二） 发光的五角星绘制

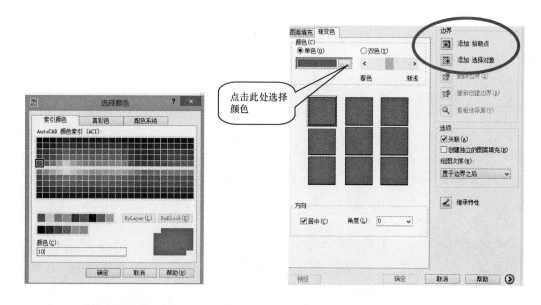

图 6.1.26 【图案填充】对话框的
颜色设置和边界

图 6.1.27 填充边界

第三步：在第一步和第二步基础上，熟悉 AutoCAD 的基本绘图、编辑修改命令的位置和使用，实现任务的操作

注意平移和放大缩小的使用，如图 6.1.28 所示。

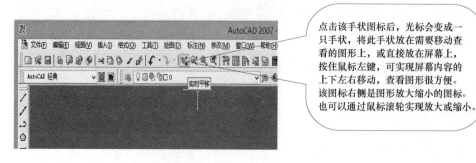

图 6.1.28 图形的平移和缩放

 **任务评价**

评价等级	评价内容及标准
优秀（90～100分）	不需要他人指导，能正确操作运用 AutoCAD 命令操作完成图样，图线完整、准确、无遗漏，符合要求，作图迅速，并能指导他人完成任务
良好（80～89分）	不需要他人指导，能正确操作运用 AutoCAD 命令操作完成图样，图线完整、准确、无遗漏，符合要求，作图迅速
中等（70～79分）	在他人指导下，能正确操作运用 AutoCAD 命令操作完成图样，图线完整、准确、无遗漏，符合要求
及格（60—69分）	在他人指导下，借助相关资料，能正确操作运用 AutoCAD 命令操作完成图样，图线完整、准确、无遗漏，符合要求

 课后思考与练习

1. 请用计算机 AutoCAD 绘制标高符号、指北针符号。

2. 请绘制本教材中的建筑构配件图例和材料图例。尺寸自定。

3. 请绘制如图 6.1.29 所示的跑道。

4. 请绘制一面有图案填充的国旗。尺寸自定。

5. 请绘制教室的门平面、立面，窗立面。尺寸根据实际自定。

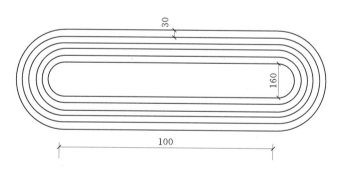

图 6.1.29　跑道图形

 知识与技能链接

　　AutoCAD 是由美国 Autodesk 欧特克公司于 20 世纪 80 年代初为微机上应用 CAD 技术（Computer Aided Design，计算机辅助设计）而开发的绘图程序软件包，经过不断地完善，现已经成为国际上广为流行的绘图工具。广泛应用于土木建筑、装饰装潢、城市规划、园林设计、电子电路、机械设计、服装鞋帽、航空航天、轻工他工等诸多领域。随着版本不断升高，功能越强大，人机对话水平也越强大。自 2008 版以来，既可以实现平面绘图，又可以创建 3D 实体及表面模型，能对实体本身进行编辑。

　　因为 AutoCAD 允许用户定制菜单和工具栏，并能利用内嵌语言 Autolisp、Visual

项目六　计算机 AutoCAD 绘图

175

Lisp、VBA、ADS、ARX 等进行二次开发工具。因此，在不同的行业中，Autodesk 开发了行业专用的版本和插件。如在机械设计与制造行业中发行了 AutoCAD Mechanical 版本；在电子电路设计行业中发行了 AutoCAD Electrical 版本；在勘测、土方工程与道路设计发行了 Autodesk Civil 3D 版本等。其中，天正 CAD 作为天正公司基于 AutoCAD 开发的包括建筑设计、节能、暖通、电气、造价等专业的建筑 CAD 系列软件，已遍及全国的建筑设计行业。

目前，学校里教学、培训中所用的一般都是 AutoCAD Simplified 版本，一般没有特殊要求的服装、机械、电子、建筑行业的公司都用该版本。

任务二　建筑平、立、剖的 AutoCAD 绘制

任务目标

(1) 掌握 AutoCAD 绘制建筑平、立、剖的步骤和方法。

(2) 熟悉建筑平面图、立面图、剖面图的图示内容和表达方法。

任务内容和要求

使用计算机 AutoCAD 抄绘"项目四任务手工绘制内容"。

要求：步骤方法正确，图线位置准确，图线粗细表达合理，文字、尺寸标注规范合理。

任务实施

1. 绘制建筑平面图的步骤和方法

步骤一：设置图形环境

(1) 如图 6.2.1 所示，单击【格式】菜单下【图形界限】设置，或者在命令提示行输入"Limit"回车。

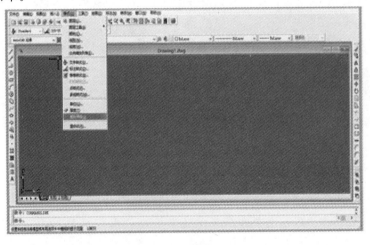

图 6.2.1　图形界限的设置

（2）观察命令提示行的变化，输入合适的 X，Y 坐标值，确定图形界限大小。

出现"指定左上角点【开（ON）/关(OFF)】<0.000，0.000>"直接回车即可。

出现"指定右上角点<420.000，297.000>"时根据绘制图样的图幅大小和比例，输入相应坐标值。如：绘制图样为 A3 图幅大小，绘图比例为 1：100，此时输入 42000，29700。绘制图样为 A2 图幅大小，绘图比例为 1：100，此时输入 59400，42000。

即为方便作图过程中的 1：1 作图，将计算机默认的 A3（420×297）大小，根据绘图比例放大为所需要的图幅大小。

为方便对图形界限直观作图，也可以用【矩形】和【修剪】命令等绘制出按比例放大后的图框，在图框内作图即可。

表 6.2.1 图 幅 大 小

A0	A1	A2	A3	A4
1189×841	841×594	594×420	420×297	297×210

3）如图 6.2.2 所示，点击全部缩放图标或在命令提示行输入"zoom"后，根据提示选择输入"A"。

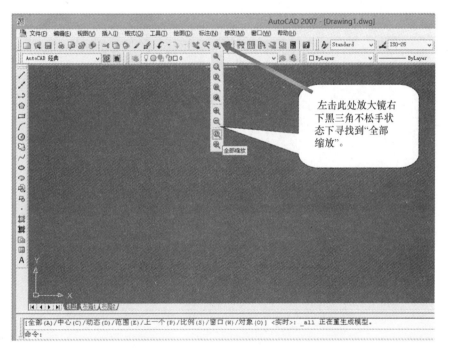

图 6.2.2 图形界限的全部缩放

步骤二：根据图线特性如图线的粗细、实线或虚线等，建立不同图线应用的图层

建立图层按图 6.2.3、图 6.2.4 操作。

步骤三：利用【偏移】命令实现定位轴线的绘制

如图 6.2.5 所示，对于单点长划线的显示，注意利用【格式】菜单下【线型】设置实现。

177

图 6.2.3　建 立 图 层 的 图 标 按 钮

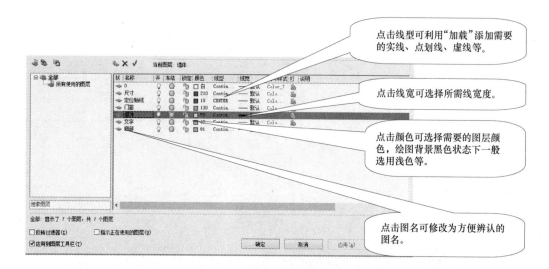

图 6.2.4　建 立 需 要 的 图 层

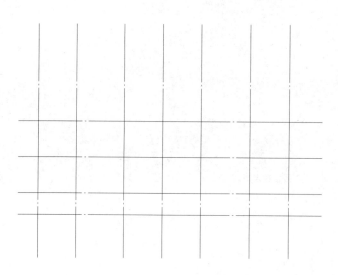

图 6.2.5　绘 制 定 位 轴 线

步骤四：利用"多线"命令绘制墙体

如图 6.2.6 和图 6.2.7 所示，先对多线设置，置为当前后应用绘图。

步骤五：绘制门窗

即利用【修剪】或【打断】等挖出门窗洞口，如图 6.2.8 所示。然后绘制利用图块操作或【复制】后【旋转】的方法，绘制出门窗。建立图块操作如图 6.2.9 所示，插入图块如图 6.2.10 所示。

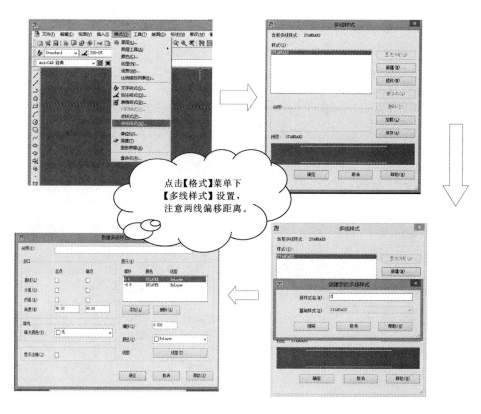

点击【格式】菜单下【多线样式】设置，注意两线偏移距离。

图 6.2.6 多线设置

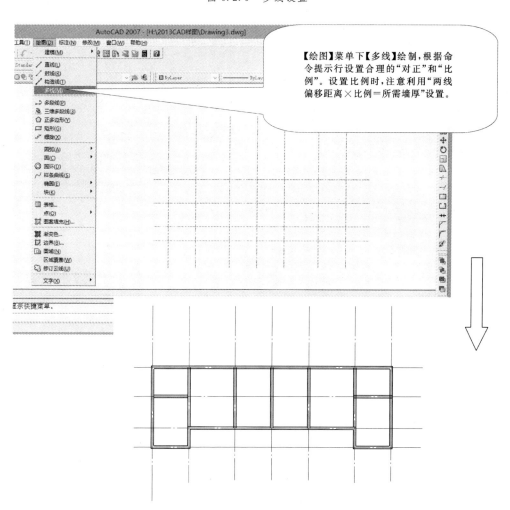

【绘图】菜单下【多线】绘制，根据命令提示行设置合理的"对正"和"比例"。设置比例时，注意利用"两线偏移距离×比例＝所需墙厚"设置。

图 6.2.7 多线绘制墙体

项目六 计算机AutoCAD绘图

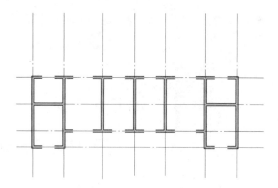

图 6.2.8　门窗洞口的绘制

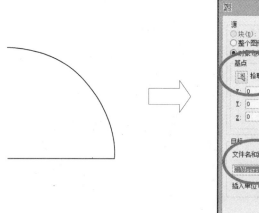

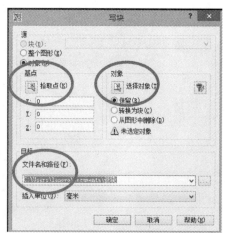

(a)先绘制图形,为方便插入使用,
一般以 1m 为单位绘制图形。如
此门的直线按 1m 绘制,圆弧就
以 1m 为半径绘制

(b) 在命令提示行输入"WBLOCK"建立外部块,
在写块对话框中的,依次对基点、对象、图块
保存的路径设置。其中,基点的选择一定方
便插入时拾取对齐

图 6.2.9　建立外部块

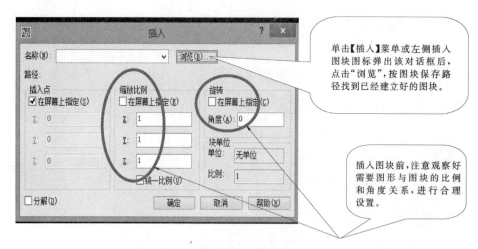

单击【插入】菜单或左侧插入
图块图标弹出该对话框后,
点击"浏览",按图块保存路
径找到已经建立好的图块。

插入图块前,注意观察好
需要图形与图块的比例
和角度关系,进行合理
设置。

图 6.2.10　插入外部块的对话框

注意:

(1) 插入一个图块后,其他一样的图块可利用【复制】实现,对于对称图形注意【镜像】命令的应用。

(2) 对于如标高、轴线编号等有必要的文字时,在定义图块之前,一定先点击【绘图】菜单下【图块】的"属性",对图块进行"属性定义"后"写块"。如图 6.2.11 所示。插入块的过程中根据命令提示行输入相应的文字。文字对齐方式如图 6.2.11 (f) 所示。

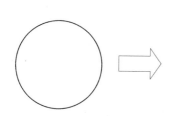

(a) 以定位轴线圆圈编号为例，先绘制好大小合适的圆圈图形。此圆圈的直径按 8mm（乘以 100）绘制

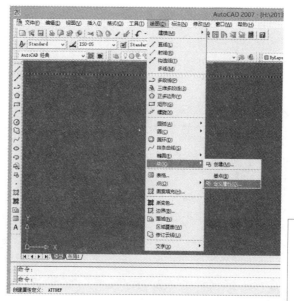

(b) 点击【绘图】菜单下的【块】-【定义属性】

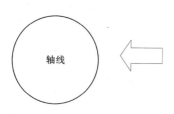

(d) 打开对象捕捉，设置好捕捉点—圆心，点击圆心即可

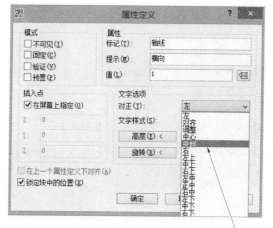

(c) 对圆圈中编号属性定义。其中，编号与圆圈的对正关系选择"中间"

(e) 在命令提示行输入"WBLOCK"建立外部块

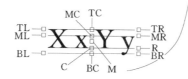

(f) 文字对正的选择

图 6.2.11　建立带属性的外部块

步骤六：绘制其他细部

利用左侧基本绘图命令和右侧编辑修改命令的熟练操作。绘制出房间家具设备，如楼梯间细部、卫生间细部等，如图 6.2.12 所示。其中，楼梯划分可利用等分或【偏移】实现。如有柱子断面，可利用图案填充实现。

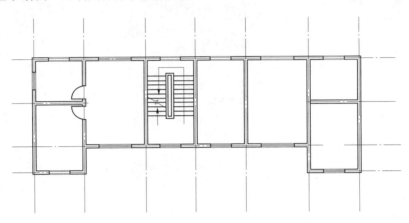

图 6.2.12 平面图细部的绘制

步骤七：标注内外尺寸

1）先对尺寸的标注样式进行设置，如图 6.2.13 所示。

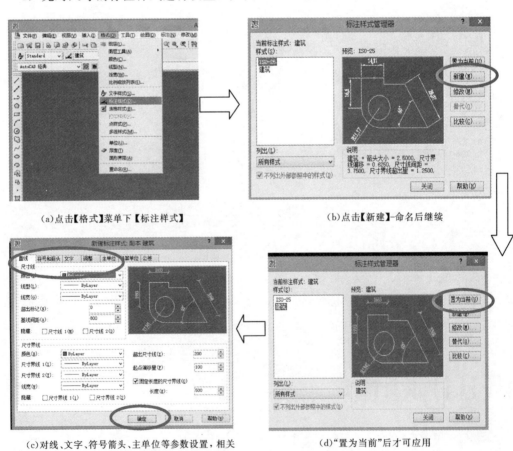

(a)点击【格式】菜单下【标注样式】

(b)点击【新建】-命名后继续

(c)对线、文字、符号箭头、主单位等参数设置，相关参数要符合建筑制图标准中对尺寸标注的规定，参数设置好点击对话框中的"确定"

(d)"置为当前"后才可应用

图 6.2.13 尺寸标注样式的设置

2）点击【标注】菜单，根据需要选择标注的方式。结果如图 6.2.14 所示。

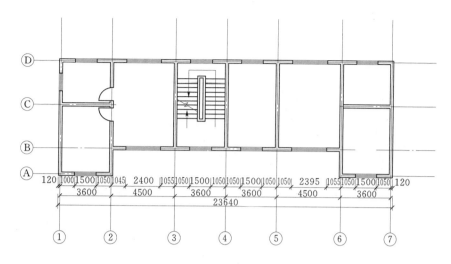

图 6.2.14　平面图尺寸标注

步骤八：标注必要符号、图例

要点：指北针的绘制，标高符号的绘制等，注意基本操作熟练应用，注意图案填充。

定位轴线圆圈编号注意利用图块操作。

步骤九：书写房间名称及说明，书写图名、比例

点击【格式】菜单下【文字格式】设置好后，在对话框中点击"应用"才可以应用，如图 6.2.15。点击【绘图】菜单下【文字】，单行文字或多行文字，根据命令提示行实现，如

图 6.2.15　文字样式的设置

图 6.2.16 所示。先对文字样式设置，再进行文字书写。文字书写后如图 6.2.17 所示。

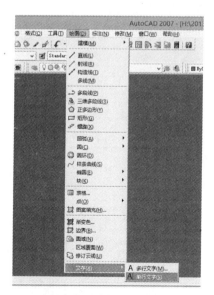

（a）房间名称、图名等用单行文字实现
设计说明等用多行文字实现

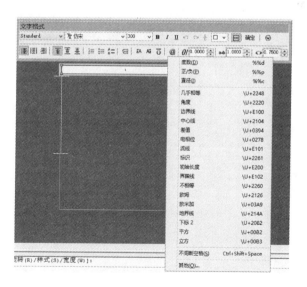

（b）多行文字的对话框—特殊字符的
输入点击"@"后选择

图 6.2.16　文字样式的书写

项目六　计算机 AutoCAD 绘图

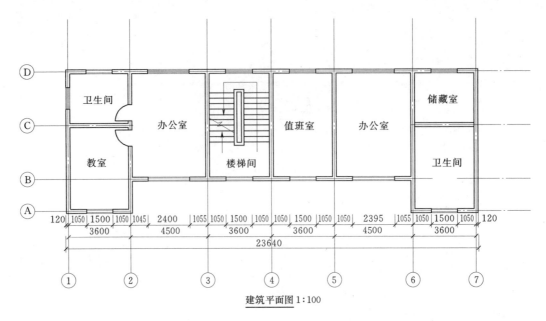

建筑平面图 1:100

图 6.2.17 平面图的文字书写（含房间名称及说明，图名、比例等）

2. 绘制建筑立面图的步骤和方法

如果另建立一个文件绘制建筑立面图，作图前首先设置图形环境，建立图层。步骤方法和平面图的设置一样，之后按照图 6.2.18～图 6.2.21 步骤绘制即可。

如果和建筑平面图同在一个文件里保存的话，则按下面步骤进行：

步骤一：根据建筑平面图和建筑立面图之间的尺寸对应关系，在已经作好的建筑平面图基础上绘制建筑立面图，即复制后保留所需的尺寸图线。

步骤二：根据建筑平面图中的相关定位轴线和尺寸，绘制出立面图的定位线，如轴线和楼面线、地面线、屋顶线等，如图 6.2.18 所示。

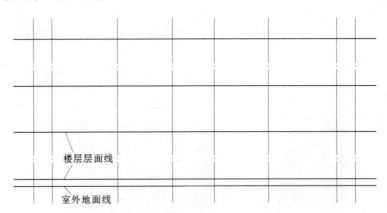

图 6.2.18 定位线的绘制

步骤三：绘制主要轮廓线，如图 6.2.19 所示。

步骤四：进行门窗定位和阳台定位，并根据标高尺寸和门窗分扇状况绘制门窗，注意"复制"或"阵列"的应用等，如图 6.2.20 所示。

步骤五：绘制雨篷、雨水管、阳台、台阶、水箱等细部，如图 6.2.21 所示。注意准确作图。

步骤六：利用图块注写标高，先绘制标高图形—点击"绘图"菜单下"块"定义属性—建立外部块，注意图块基点的选择—插入块，引出线标注外墙装修材料文字。

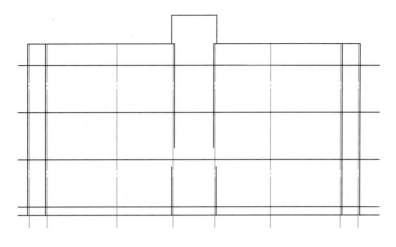

图 6.2.19　主要轮廓线的绘制

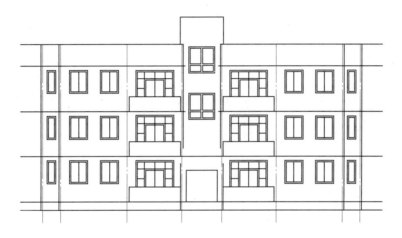

图 6.2.20　阳台、门窗的绘制

图 6.2.21　雨篷、台阶等细部的绘制

步骤七：书写图名、比例。

3.绘制建筑剖面图的步骤和方法

如果另建立一个文件绘制建筑剖面图，作图前首先设置图形环境，建立图层。步骤方法和平面图的设置一样，之后按照图 6.2.22～图 6.2.24 步骤绘制即可。

如果和建筑平面图同在一个文件里保存的话，则按下面步骤进行：

步骤一：根据建筑剖面图和建筑平面图、建筑立面图之间的尺寸对应关系，在已经作好的建筑平面图、建筑立面图基础上绘制建筑立面图，即复制后保留所需。

步骤二：根据建筑平面图相关定位轴线绘制墙体定位线，根据建筑平面图、建筑立面图中的标高尺寸绘制水平层定位线。如图 6.2.22 所示。

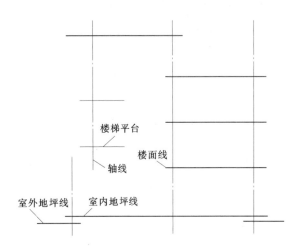

图 6.2.22　定位线的绘制

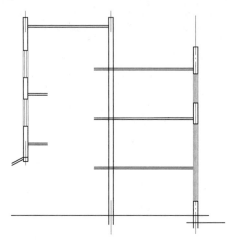

图 6.2.23　墙体、楼板的绘制

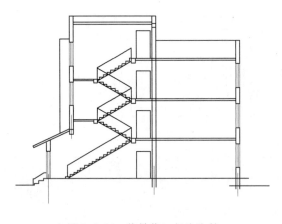

图 6.2.24　楼梯等细部的绘制

步骤三：进行墙体、楼板等。如图 6.2.23 所示。

步骤四：绘制建筑内部的门、楼梯、屋顶等细部；注意准确作图，如图 6.2.24 所示。

步骤五：利用图块注写标高，先绘制标高图形——点击"绘图"菜单下"块"定义属性——建立外部块，注意图块基点的选择——插入块。

步骤六：标注内外尺寸。

步骤七：书写图名、比例。

任务评价

评价等级	评价内容及标准
优秀（90～100 分）	不需要他人指导，能正确操作运用 AutoCAD 命令操作完成图样，图层设置合理，图线完整、准确、无遗漏，尺寸标注位置合理、规范正确、符合要求，定位轴线编号位置合理，文字书写规范、位置合理，作图迅速，并能指导他人完成任务
良好（80～89 分）	不需要他人指导，能正确操作运用 AutoCAD 命令操作完成图样，图层设置合理，图线完整、准确、无遗漏，尺寸标注位置较为合理、规范正确、符合要求，作图迅速

评价等级	评价内容及标准
中等（70～79分）	在他人指导下，能正确操作运用 AutoCAD 命令操作完成图样，图线完整、准确、无遗漏，符合要求
及格（60～69分）	在他人指导下，借助相关资料，能正确操作运用 AutoCAD 命令操作完成图样，图线完整、准确、无遗漏，符合要求

 思考与练习

1. 绘制项目四的"项目综合练习"中的"建筑施工图的识读与绘制技能综合练习"图样。

2. 请绘制如图 6.2.25、图 6.2.26 所示图样。

3. 自己寻找建筑图样用 AutoCAD 绘制。

4. 总结 AutoCAD 绘制平面图、立面图、剖面图的要领。

5. 试把 1∶20 的详图图样与 1∶100 的平面图放在同一文件中绘制，并正确显示和打印。

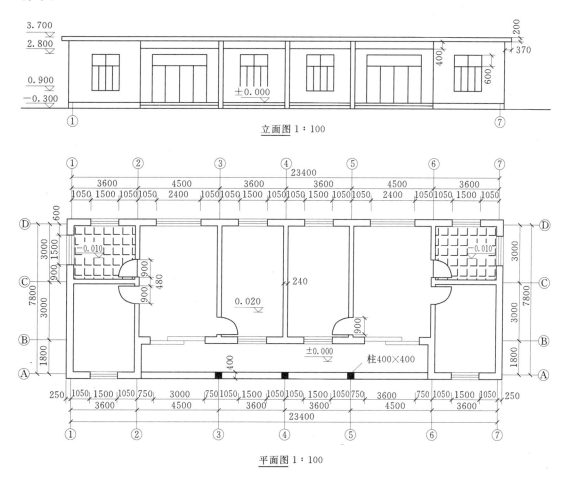

图 6.2.25　平面图

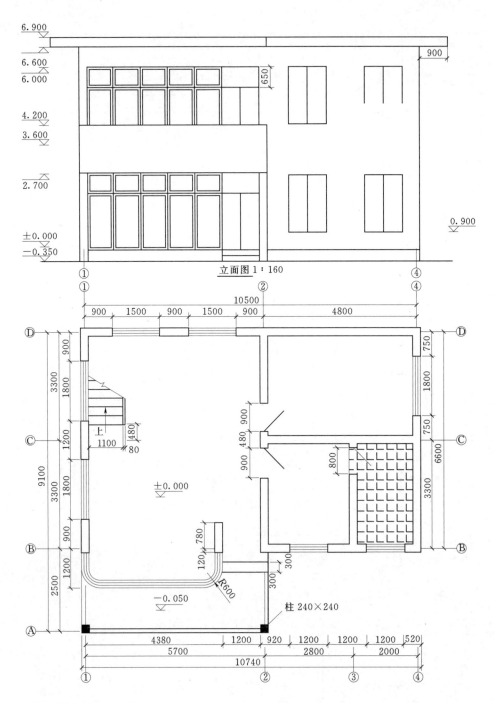

建筑外墙：240mm
建筑内墙：240mm
门垛长度：120mm

图 6.2.26 立面图

附录　国家制图员职业标准

1. 职 业 概 况

1.1　职业名称

制图员。

1.2　职业定义

使用绘图仪器、设备，根据工程或产品的设计方案、草图和技术性说明，绘制其正图（原图）、底图及其他技术图样的人员。

1.3　职业等级

本职业共设 4 个等级，分别为：初级（国家职业资格五级）、中级（国家职业资格四级）、高级（国家职业资格三级）、技师（国家职业资格二级）。

1.4　职业环境

室内，常温。

1.5　职业能力特征

具有一定的空间想象、语言表达、计算能力；手指灵活、色觉正常。

1.6　基本文化程度

高中毕业（或同等学力）。

1.7　培训要求

1.7.1　培训期限

全日制职业学校教育，根据其培养目标和教学计划确定。晋级培训期限：初级不少于 200 标准学时；中级不少于 350 标准学时；高级不少于 500 标准学时；技师不少于 800 标准学时。

1.7.2　培训教师

培训初级制图员的教师应具有本职业高级以上职业资格证书；培训中、高级制图员的教师应具有本职业技师职业资格证书或相关专业中级以上专业技术职务任职资格；培训技师的教师应具有本职业技师职业资格证书3年以上或相关专业高级专业技术职务任职资格。

1.7.3 培训场地设备

采光、照明良好的教室；绘图工具、设备及计算机。

1.8 鉴定要求

1.8.1 适用对象

从事或准备从事本职业的人员。

1.8.2 申报条件

——初级（具备以下条件之一者）

（1）经本职业初级正规培训达规定标准学时数，并取得毕（结）业证书。

（2）在本职业连续见习工作2年以上。

（3）本职业学徒期满。

——中级（具备以下条件之一者）

（1）取得本职业初级职业资格证书后，连续从事本职业工作2年以上，经本职业中级正规培训达规定标准学时数，并取得毕（结）业证书。

（2）取得本职业初级职业资格证书后，连续从事本职业工作3年以上。

（3）连续从事本职业工作5年以上。

（4）取得经劳动保障行政部门审核认定的、以中级技能为培养目标的中等以上职业学校本职业（专业）毕业证书。

——高级（具备以下条件之一者）

（1）取得本职业中级职业资格证书后，连续从事本职业工作2年以上，经本职业高级正规培训达规定标准学时数，并取得毕（结）业证书。

（2）取得本职业中级职业资格证书后，连续从事本职业工作3年以上。

（3）取得高级技工学校或经劳动保障行政部门审核认定的、以高级技能为培养目标的高等职业学校本职业（专业）毕业证书。

（4）取得本职业中级职业资格证书的大专以上本专业或相关专业毕业生，连续从事本职业工作2年以上。

——技师（具备以下条件之一者）

（1）取得本职业高级职业资格证书后，连续从事本职业工作3年以上，经本职业技师正规培训达规定标准学时数，并取得毕（结）业证书。

（2）取得本职业高级职业资格证书后，连续从事本职业工作5年以上。

（3）取得本职业高级职业资格证书的高级技工学校本职业（专业）毕业生，连续从事本职业工作2年以上。

1.8.3 鉴定方式

分为理论知识考试和技能操作考核。理论知识考试采用闭卷笔试方式，技能操作考核采用现场实际操作方式。理论知识考试和技能操作考核均实行百分制，成绩皆达60分以上者为合格。技师还须进行综合评审。

1.8.4　考评人员与考生配比

理论知识考试考评人员与考生配比为 1∶15，每个标准教室不少于 2 名考评人员；技能操作考核考评员与考生配比为 1∶5，且不少于 3 名考评员。

1.8.5　鉴定时间

理论知识考试时间为 120min；技能操作考核时间为 180min。

1.8.6　鉴定场所设备

理论知识考试：采光、照明良好的教室。

技能操作考核：计算机、绘图软件及图形输出设备。

2.　基　本　要　求

2.1　职业道德

2.1.1　职业道德基本知识

2.1.2　职业守则

（1）忠于职守，爱岗敬业。

（2）讲究质量，注重信誉。

（3）积极进取，团结协作。

（4）遵纪守法，讲究公德。

2.2　基础知识

2.2.1　制图的基本知识

（1）国家标准制图的基本知识。

（2）绘图仪器及工具的使用与维护知识。

2.2.2　投影法的基本知识

（1）投影法的概念。

（2）工程常用的投影法知识。

2.2.3　计算机绘图的基本知识

（1）计算机绘图系统硬件的构成原理。

（2）计算机绘图的软件类型。

2.2.4　专业图样的基本知识

2.2.5　相关法律、法规知识

（1）劳动法的相关知识。

（2）技术制图的标准。

3.　工　作　要　求

本标准对初级、中级、高级和技师的技能要求依次递进，高级别包括低级别的要求。

3.1 初级

职业功能	工作内容	技能要求	相关知识
一、绘制二维图	（一）描图	能描绘墨线图	描图的知识
	（二）手工绘图（可根据申报专业任选一种）	机械图： 1. 能绘制内、外螺纹及其连接图。 2. 能绘制和阅读轴类、盘盖类零件图 土建图： 1. 能识别并绘制常用的建筑材料图例。 2. 能绘制和阅读单层房屋的建筑施工图	1. 几何绘图知识。 2. 三视图投影知识。 3. 绘制视图、剖视图、断面图的知识。 4. 尺寸标注的知识。 5. 专业图的知识
	（三）计算机绘图	1. 能使用一种软件绘制简单的二维图形并标注尺寸。 2. 能使用打印机或绘图机输出图纸	1. 调出图框、标题栏的知识。 2. 绘制直线、曲线的知识。 3. 曲线编辑的知识。 4. 文字标注的知识
二、绘制三维图	描图	能描绘正等轴测图	绘制正等轴测图的基本知识
三、图档管理	（一）图纸折叠	能按要求折叠图纸	折叠图纸的要求
	（二）图纸装订	能按要求将图纸装订成册	装订图纸的要求

3.2 中级

职业功能	工作内容	技能要求	相关知识
一、绘制二维图	（一）手工绘图（可根据申报专业任选一种）	机械图： 1. 能绘制螺纹连接的装配图。 2. 能绘制和阅读支架类零件图。 3. 能绘制和阅读箱体类零件图。 土建图： 1. 能识别常用建筑构、配件的代（符）号。 2. 能绘制和阅读楼房的建筑施工图	1. 截交线的绘图知识。 2. 绘制相贯线的知识。 3. 一次变换投影面的知识。 4. 组合体的知识
	（二）计算机绘图	能绘制简单的二维专业图形	1. 图层设置的知识。 2. 工程标注的知识。 3. 调用图符的知识。 4. 属性查询的知识
二、绘制三维图	（一）描图	1. 能够描绘斜二测图。 2. 能够描绘正二测图	1. 绘制斜二测图的知识。 2. 绘制正二测图的知识
	（二）手工绘制轴测图	1. 能绘制正等轴测图。 2. 能绘制正等轴测剖视图	1. 绘制正等轴测图的知识。 2. 绘制正等轴测剖视图的知识
三、图档管理	软件管理	能使用软件对成套图纸进行管理	管理软件的使用知识

3.3 高级

职业功能	工作内容	技能要求	相关知识
一、绘制二维图	（一）手工绘图（可根据申报专业任选一种）	机械图： 1. 能绘制各种标准件和常用件。 2. 能绘制和阅读不少于15个零件的装配图。 土建图： 1. 能绘制钢筋混凝土结构图。 2. 能绘制钢结构图	1. 变换投影面的知识。 2. 绘制两回转体轴线垂直交叉相贯线的知识
	（二）手工绘制草图	机械图： 能绘制箱体类零件草图。 土建图： 1. 能绘制单层房屋的建筑施工草图。 2. 能绘制简单效果图	1. 测量工具的使用知识。 2. 绘制专业示意图的知识
	（三）计算机绘图（可根据申报专业任选一种）	机械图： 1. 能根据零件图绘制装配图。 2. 能根据装配图绘制零件图。 土建图： 能绘制房屋建筑施工图	1. 图块制作和调用的知识。 2. 图库的使用知识。 3. 属性修改的知识
二、绘制三维图	手工绘制轴测图	1. 能绘制轴测图。 2. 能绘制轴测剖视图	1. 手工绘制轴测图的知识。 2. 手工绘制轴测剖视图的知识
三、图档管理	图纸归档管理	能对成套图纸进行分类、编号	专业图档的管理知识

3.4 技师

职业功能	工作内容	技能要求	相关知识
一、绘制二维图	（一）手工绘制专业图（可根据申报专业任选一种）	机械图：能绘制和阅读各种机械图。 土建图：能绘制和阅读各种建筑施工图样	机械图样或建筑施工图样的知识
	（二）手工绘制展开图	1. 能绘制变形接头的展开图。 2. 能绘制等径变管的展开图	绘制展开图的知识
二、绘制三维图	（一）手工绘图（可根据申报专业任选一种）	机械图： 能润饰轴测图。 土建图： 1. 能绘制房屋透视图。 2. 能绘制透视图的阴影	1. 润饰轴测图的知识。 2. 透视图的知识。 3. 阴影的知识

职业功能	工作内容	技能要求	相关知识
二、绘制三维图	（二）计算机绘图（可根据申报专业任选一种）	能根据二维图创建三维模型 机械类： 1. 能创建各种零件的三维模型。 2. 能创建装配体的三维模型。 3. 能创建装配体的三维分解模型。 4. 能将三维模型转化为二维工程图。 5. 能创建曲面的三维模型。 6. 能渲染三维模型。 土建类： 1. 能创建房屋的三维模型。 2. 能创建室内装修的三维模型。 3. 能创建土建常用曲面的三维模型。 4. 能将三维模型转化为二维施工图。 5. 能渲染三维模型	1. 创建三维模型的知识。 2. 渲染三维模型的知识
三、转换不同标准体系的图样	第一角和第三角投影图的相互转换	能对第三角表示法和第一角表示法做相互转换	第三角投影法的知识
四、指导与培训	业务培训	1. 能指导初、中、高级制图员的工作，并进行业务培训。 2. 能编写初、中、高级制图员的培训教材	1. 制图员培训的知识。 2. 教材编写的常识

4. 比 重 表

4.1 理论知识

项目			初级（%）	中级（%）	高级（%）	技师（%）
基本要求	职业道德		5	5	5	5
	基础知识		25	15	15	15
相关知识	绘制二维图	描图	5	—	—	—
		手工绘图	40	30	30	5
		计算机绘图	5	5	5	—
		手工绘制草图	—	—	—	10
		手工绘制专业图	10	15	15	15
		手工绘制展开图	—	—	—	10

项目			初级（%）	中级（%）	高级（%）	技师（%）
相关知识	绘制三维图	描图	5	5	—	—
		手工绘制轴测图	—	20	15	5
		手工绘图	—	—	—	25
		计算机绘图	—	—	—	10
	图档管理	图纸折叠	3	—	—	—
		图纸装订	2	—	—	—
		软件管理	—	5	—	—
		图纸归档管理	—	—	5	—
	转换不同标准体系的图样	第一角和第三角投影图的相互转换	—	—	—	5
	指导与培训	业务培训	—	—	—	5
合计			100	100	100	100

4.2 技能操作

项目			初级（%）	中级（%）	高级（%）	技师（%）
相关知识	绘制二维图	描图	5	—	—	—
		手工绘图	22	20	15	—
		计算机绘图	55	55	60	—
		手工绘制草图	—	—	15	—
		手工绘制专业图	—	—	—	25
		手工绘制展开图	—	—	—	20
	绘制三维图	描图	13	5	—	—
		手工绘制轴测图	—	15	5	—
		手工绘图	—	—	—	5
		计算机绘图	—	—	—	35
	图档管理	图纸折叠	3	—	—	—
		图纸装订	2	—	—	—
		软件管理	—	5	—	—
		图纸归档管理	—	—	5	—
	转换不同标准体系的图样	第一角和第三角投影图的相互转换	—	—	—	10
	指导与培训	业务培训	—	—	—	5
合计			100	100	100	100